入門から中級へ

建設工事現場の統括管理

町田安全衛生リサーチ代表
元労働基準監督署長
村木 宏吉

大成出版社

はじめに

平成30年（2018年）7月、東京都多摩市の建設工事現場において、発泡プラスチック系断熱材による火災事故が発生し、5人が死亡、約40人が負傷しました。また、平成31年（2019年）1月には、東京都港区新橋の超高層ビル建築工事現場において同様の火災が発生し、4名が負傷しました。

これらの災害の状況をみると、元請としての統括管理能力に問題があると感じられました。元請は、工事の進捗状況によって協力会社の作業を待たせるなどの調整しなければならないのに、それをしていないために発生した災害でした。これらのニュースに接し、そのようなことができる職員を育てることができていない現状を筆者は痛切に感じました。団塊の世代の社員たちが、そのノウハウを伝達しないまま退職していったのでしょうか。

また、筆者が建設工事現場で元請の社員や協力会社の職長クラスの方々と言葉を交わした時、労働安全衛生法令を誤解していると感じることがままありました。実は、労働基準監督署の職員でも同じような誤解をしている方がいます。

その誤解とは、「現場の安全衛生管理は元請の仕事だ」ということです。工事現場の安全衛生管理に関しては労働安全衛生法に規定がありますが、元請は元請のすべきことを実施し、協力会社は協力会社が行うべきことを行う、その正しい理解こそが必要です。

また、厚生労働省（労働基準行政）から、平成7年（1995年）4月21日付け基発第267号の2「元方次業者による建設現場安全管理指針について」と平成19年（2007年）3月22日付け基発第0322002号通達「建設業における総合的労働災害防止対策の推進について」が示されており、これに沿った取組が必要です。

筆者は、労働基準監督官として32年余り厚生労働省に勤務し、その後労働衛生コンサルタントとして企業への助言、建設業向け教育用DVDの制作、技能講習等の講師などを10年間務めてきました。

その中で、先述の誤解をなくし、元請が行うべき統括管理と、協力会社が行うべき適切な安全衛生管理の進め方について、わかりやすく書くことを目的として本書を執筆しました。

労働安全衛生法令と前述の通達を正しく理解することで、元請と協力会社がそれぞれ取り組むべきことをきちんと行うことが可能となり、適切な安全衛生管理が実現し、無災害を達成することができるのです。

令和2年（2020年）1月末日

労働衛生コンサルタント

村木 宏吉

目次

第5章 建設業における総合的労働災害防止対策 121

【凡例】

本書で使用した法令の略称は次のとおりです。

労働安全衛生法 ………………… **安衛法**

労働安全衛生法施行令………… **安衛令**

労働安全衛生規則 ……………… **安衛則**

労働基準法 ……………………… **労基法**

労働者災害補償保険法………… **労災保険法**

労働保険の保険料の徴収等に関する法律 ………………… **徴収法**

労働保険の保険料の徴収等に関する法律施行規則……… **徴収則**

第1章

基本事項

概説

本書では、建設現場の統括管理について、まず労働安全衛生法に基づく実施事項を説明し、次は第2章で元請、第3章で協力会社（下請）が行わなくてはならない事項に分けて説明します。その後、第4章で平成7年（1995年）4月21日付け基発第267号の2「元方事業者による建設現場安全管理指針について」に基づく実施事項等を説明します。さらに第5章では、平成19年（2007年）3月22日付け基発第0322002号通達「建設業における総合的労働災害防止対策の推進について」に関して説明します。

本章では、労働安全衛生法に基づく基本的な事項について解説します。建設工事現場における統括管理を理解するためには、まず、統括管理の重要性を理解しなければなりません。そのためには、労働安全衛生法に関する正確な知識が必要です。曖昧な知識のままで、やれ「元方責任」だとか、やれ「統括管理責任」だとか「事業者責任」だなどといっても始まりません。

統括管理の重要性

建設工事現場においては、設計監理、施工管理、品質管理と安全衛生管理があります。廃棄物に関しても環境面で実施すべきことがあります。施工管理の中には工程管理も含まれます。

これらのうち設計監理は必ずしも元方事業者が行うわけではなく、独立した設計事務所が行うことが多いものです。

では、工事現場における管理業務の中で何が一番重要かといえば、様々な見方があるでしょうが、筆者としては安全衛生管理が最重要と考えます。いかに立派な建築物ができあがったとしても、尊い人命が失われたならば、その価値はずいぶん下がります。分譲マンションなどですと、その売上げに大きく響くでしょうし、工事金額によっては災害への損害賠償で赤字となることもあるでしょう。

また、一度重大な災害が発生したならば、その原因究明と再発防止対策が確立されるまで工事はストップせざるを得ません。これでは品質管理も工程管理もあったものではありません。

これらの種々の管理を進めていく上で元請として最も重要なことは、どのようにして統括管理を進めていくかということです。

なぜなら、建設工事というのは、元方事業者の下に多くの協力会社（下請）が作業に従事しており、その全体的な管理が必要だからです。これが統括管理です。統括管理をする元方事業者の責任者は、オーケストラの指揮者や野球の監督の立場

になります。

「はじめに」でも述べましたように、このところ、統括管理がきちんとできていないことが原因ではないかと感じさせる災害が複数発生しています。大手ゼネコンでさえそのような災害を発生させていることは、団塊の世代のリタイアに伴い、それらの方々が持っていた統括管理のノウハウがきちんと後進の方々に伝承されていないことを認めざるを得ないように思われます。

大手ゼネコンでさえもそのような状況だとすると、中小のゼネコンでも同様ではないか、というのが筆者の懸念するところです。

実は、統括管理はそれほど難しいことをするわけではありません。元請はどのようなことをしなければならないか、協力会社は何をしなければならないか、本書では、そのノウハウをなるべく簡単に述べていくこととします。

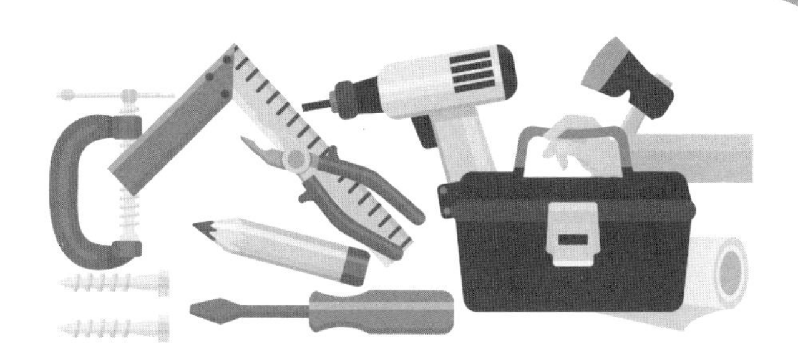

用語の意味

建設工事現場では、元請の現場所長以下社員（職員）と、協力会社の職長や作業員の方々とが、正確な意味を知らないまま、安全衛生管理の言葉を使っていることがあります。皆様方は、次の言葉の意味を説明できるでしょうか。

事業者責任、安全配慮義務、労働者、統括管理

いきなりきかれても、正確に答えられる方は多くはないようです。
ではまず、労働安全衛生法で定められている言葉の意味を確認していきましょう。

(1) 事業者

事業者とは、事業を行う者で労働者を使用するものをいいます（安衛法第２条）。法人の場合は法人そのもののことであって、その代表者のことではありません。

つまり、会社組織の場合にはその会社そのもの、個人企業の場合にはその代表者が「事業者」になるのです。

労働安全衛生法では、「事業者は・・・しなければならない。」という規定と「事業者は･･･してはならない。」という規定がほとんどです。これが事業者責任です。

労働基準監督署が企業を検挙する時、これは労働基準法違反や労働安全衛生法違反容疑で検察庁に送致する場合をいいますが、「自分は何も悪いことはしていないから、違反の責任は無い。」と主張する経営者が少なくありませんが、それは経営者の方々が法令を誤解しているからです。

なぜなら、労働基準監督署が検挙したのは、事業者としてしなけれ

ばならないことをしなかった責任が問われているからです。「何もしていない。」とは、しなければならないことを「私がしなかった（法令違反をしていました）。」という意味になるのです。

当然、元請も協力会社も「事業者」に該当するのです。元請と協力会社は、それぞれ自社で雇用している労働者に対し、事業者責任を負っているのです。つまり、協力会社は、自社で雇用している労働者に対する安全衛生に関しての事業者責任を負っているのです。

(2) 両罰規定

労働安全衛生法や労働基準法など労働基準監督署が所管している法令には、ほとんどに罰則があります。そのため、労働基準監督官は司法警察員の職務を行うこととされており、警察署に告発することなく自ら直接捜査を行い、事件を検察庁に送致（送検）します。

そして、これらの法令にはほとんどの条文に両罰規定が設けられています。両罰規定とは、法令違反が認められた場合には、違反した行為者（しなければならないことをしなかった場合も同じ。）が処罰されると同時に、事業者つまり会社も処罰の対象になるのです。

労働安全衛生法第 122 条では、「法人の代表者又は法人若しくは人の代理人、使用人その他の従業者が、その法人又は人の業務に関して、第 116 条、第 117 条、第 119 条又は第 120 条の違反行為をしたときは、行為者を罰するほか、その法人又は人に対しても、各本条の罰金刑を科する。」と定めています。つまり、「私が現場所長として違反をしました。これは私の責任です。」と言えば、ほぼ自動的に法人も処罰されるのです。

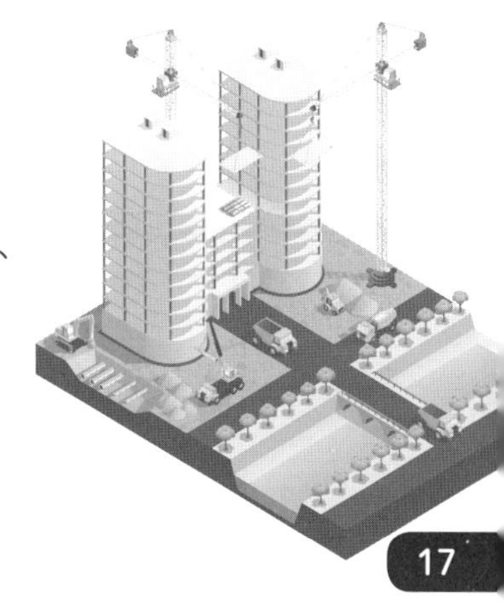

社長は交代することができますが、法人を交代することはできません。法人が処罰を受けると、前科のある法人となりますから、その後の様々な法令違反（各種の経済関係法令を含む。）について、直ちに厳しい捜査を受けることになりかねません。

平成31年（2019年）4月1日施行の改正労働基準法では、働き方改革の一環として長時間残業の規制が定められ、建設業では5年間の猶予が設けられています。その後は、これに基づく処罰事案が増えそうです。その場合も、両罰規定が適用されます。

両罰規定には例外があります。事業者が法令違反を防ぐ措置を尽くしていたと認められる場合です。これは、当該事業者にその証明をする責任があります。

コラム

労働安全衛生法違反の前科は、暴行、傷害等と違うか？

あるセミナーにおいて、中堅ゼネコンの安全環境部長から質問を受けました。「労働基準法や労働安全衛生法違反について、会社に前科が付くってわかるんですが、例の反社会的勢力などでよくある暴行や傷害の前科とは違いますよね。」と。

私は答えました。「同じです。検察庁などでの扱いでは、全く違いはありません。」と答えました。大手自動車メーカーで問題となっている金融商品取引法違反や、有価証券報告書虚偽記載罪や、独占禁止法違反などの捜査を受けた場合、労働基準法違反であろうが労働安全衛生法違反であろうが、前科があれば、「そのような前科のある悪質な会社」として扱われ、直ちに家宅捜索などを受ける可能性が高いものです。

(3) 労働者

「労働者」とは、労働基準法第９条に規定する労働者の意味です。つまり、「事業又は事務所に使用される者で、賃金を支払われる者」が労働者に該当します。賃金とは、いわゆる給料のことです。

ということは、協力会社などが使っている一人親方は、「労働者」には該当しません。賃金ではなく請負代金を支払われている個人事業主だからです。その結果、当該工事現場で負傷等をしても、現場の労災保険は使えません。労災保険からの給付はされないのです。協力会社の事業主や役員も同様です。

しかしながら、一人親方、中小企業の事業主や労働者と同様の業務に従事する役員などは、労災保険に特別加入をしていれば、その労災保険から給付されます。ただし、事業主として行為中の災害は除外されます。

なお、外国人技能実習生は、労働基準法上の労働者に該当することとされ ていますから、現場で負傷等をすれば、現場の労災保険の対象となります。

不法就労であったとしても、労働者であれば労災保険給付の対象となります。

コラム

特別加入していたらいくら出ましたか？

ある年の１月８日前後のころでした。衛生工事を担当しているある会社の社長が、ファミレスの排水工事で墜落し、病院で亡くなったのです。業界では正月休みが長く、作業員はまだ地方から横浜に戻ってきていなかったため、社長自ら工事に出向いての災害でした。

その会社の労働保険を担当していた社会保険労務士から「特別加入はしていない。」との連絡を受け、私は社長の奥さんと会いました。特別加入とは、中小企業の事業主や一人親方が労災保険に加入する手続きのことです。

いろいろ状況を聴いた上で、「亡くなった旦那さんは労働者ではなく社長だし、労災保険の特別加入をしていないので、労災保険からの給付はない。」旨を説明しました。

奥さんは、納得したものの「もし、その特別加入をしていたら、労災保険からいくらくらい出たでしょうか？」と質問されました。

休業したときの１日当たりの日当を 3,500 円から 25,000 円の範囲で決めますから、それによって支給額は大きく変わるのですが、「1,000 万円くらいでしょうかね。」と私は答えました。

奥さんは、「そうですか。」と言って、がっくり肩を落として労働基準監督署を後にされました。

(4) 一人親方

一人親方とは、労働者をひとりも雇っていない個人事業主のことです。仕事を請けている上の会社との間では、雇用契約ではなく請負契約となっています。業務委託の場合もあります。一般的に労働時間の制限等はありません。つまりいつ出勤し、いつ退勤してもよいのです。他社の仕事を受けるのも自由です。ただし、現場管理の都合上、他の労働者の出退勤時間に合わせるようにとの要請を受けることはあります。

一人親方は事業主ですから、工事現場で被災しても労災保険給付の対象とはなりません。ただし、当該一人親方が労災保険に特別加入していれば、工事現場の労災保険ではなく、特別加入している自分の労災保険から給付されます。

このような場合に、上位の会社に雇われている、つまり労働基準法上の労働者にあたるかどうかについては、種々の状況を総合的に判断しないと一概に決めつけられませんが、被災して労働基準監督署に労災保険給付請求をした事案についての最高裁判決があり、参考とすべきでしょう。

コラム

一人親方と労働基準法上の労働者（藤沢労基署長事件）

平成19年（2007年）6月28日付け最高裁判決（藤沢労働基準監督署長事件）では、マンション建築工事の内装工事を請け負った大工Aが右手中指、環指、小指を切断したことを理由に請求した療養補償給付及び休業補償給付について所轄労働基準監督署長が労働者ではないことを理由に労災保険給付を不支給としました。

その処分を不服とした裁判で、次のように判断されています。

・第一審横浜地裁判決

労災保険法にいう労働者の概念は労働基準法上の概念と同義であるとした上で、大工Aは下請業者による指揮監督の下に労働していたとはいえず、報酬も作業時間と無関係に定められるものが大部分であり、自ら所有する工具で作業をすることが多いなど事業者性が認められ、専属性も高くはなかったなどとして、労働者性を否認し大工Aの請求を棄却しました。

・第二審東京高裁判決

第一審を支持しました。つまり、同じ判断でした。

・上告審の最高裁第一小法廷判決

本件作業の実態を第一審・第二審判決と同様に認定し、大工Aの作業は、労務の提供には当たらず、報酬も仕事の完成に対して支払われたものであって労務提供の対価と見るのは困難であるとして労働者性を否認し、つまり労働基準法上の労働者には当たらないとして大工Aの上告を棄却しました。

コラム

現場での負傷と健康保険

事業主や役員が工事現場で負傷等をした場合、労災保険に特別加入していなければ労災保険からの給付はありません。

しかし、平成25年（2013年）の改正により、労災保険給付の対象外となっている負傷等については、国民健康保険又は一般の健康保険に加入している事業主については、労災保険から給付されない負傷等については、健康保険から給付されることになっています。

労働者と同様の作業を行っていたときの災害について、健康保険からも労災保険からも給付されない事態を防ぐため、健康保険法が改正されたものです。ただし、事業主としての行為に基づく負傷等については、給付の対象となりません。それは、事業主の自己責任とされているからです。

(5) 安全配慮義務

労働契約法第5条では、「使用者は、労働契約に伴い、労働者がその生命、身体等の安全を確保しつつ労働することができるよう、必要な配慮をするものとする。」と定めています。これが安全配慮義務です。

簡単にいえば、労働者を雇っている者は、企業であろうと個人であろうとその労働者を五体満足で帰宅させる義務があるということです。これは、法令違反がないというだけでは実現できません。

なぜなら、労働安全衛生法等で定めている事項は、そのほとんどが罰則があることから、最低限の基準だけを定めているからです。

労働安全衛生法や労働基準法違反があると、ほぼ100パーセント安全配慮義務違反が認められ、死亡災害等における損害賠償請求訴訟では1億円を超える賠償を命じる判決が多数出ています。

しかも、その請求権が時効で無くなるのは10年間経ってからです。これは、労災保険の請求権の時効が死亡災害で5年間、労働安全衛生法違反等で処罰を受ける場合の刑事訴訟法における時効3年間と比べると、かなり長いことがわかります。
法違反がないだけでは労災事故を防ぐことはできませんから、それ以上の安全衛生管理をする必要があるものです。
繰り返しになりますが、ひとたび災害が発生したとき、この安全配慮義務違反に問われるのは、被災労働者を直接雇用していた企業（個人事業主の場合は代表者）です。元方事業者ではありません。ただし、被災労働者側との間で示談をする場合には、元方事業者と当該被災労働者を直接雇用していた事業主と、その間に入っている下請業者すべてが参加しなければなりません。

コラム

27社JVの示談書

労働災害が発生して示談となった場合、示談書の写しを労働基準監督署長に提出しなければなりません。これは、本来事業主が負担すべき治療費その他について、保険制度として一定限度で労災保険から給付することで、事業主の負担を軽減し、かつ、被災労働者の保護に役立てるという制度の趣旨に基づくものです。
労災保険給付は、示談とは別枠で給付されるわけではないのです。そのため、相当高額の示談金が支払われる場合には、保険給付は一定期間支給停止（年金等の場合）となったり、すでに給付した額が高額であるとの理由で回収（被災者側から国に返してもらう。）となることがあります。
横浜市のみなとみらい地区で超高層ビル建築工事現場での死亡災害では、元請が27社JVでした。
その示談には、元請27社と間の2業者と当該被災労働者を雇用していた会社の計30社が参加していました。示談書の写しのうち4頁ほどが元請27社とその直近協力会社等の会社名と代表者印でした。

(6) 元方事業者

略して「元方」とか「元請」と呼ばれることがあります。請負関係にある仕事において、他から請け負うことなく他の企業等に請け負わせている者をいいます。労働安全衛生法第15条第1項では、「事業者で、一の場所において行う事業の仕事の一部を請負人に請け負わせているもの（当該事業の仕事の一部を請け負わせる契約が二以上あるため、その者が二以上あることとなるときは、当該請負契約のうちの最も先次の請負契約における注文者」を「元方事業者」という。)」と定めています。

元方事業者の上にあるのは、発注者（施主）です。ただし、デベロッパーなどの不動産会社の場合もあります。

(7) 特定元方事業者

建設業と造船業の元方事業者を、特定元方事業者といいます。労働安全衛生法には、特定元方事業者に課された義務、すなわちやらなければならない事項が定められています。本書では、建設業の特定元方事業者について述べています。

(8) 注文者

仕事を発注している者をいいます。次の図1にあるように、発注者（施主）のほか、一次下請は二次下請に対し、二次下請はその下の請負人に対し注文者の立場となります。

しかし、労働安全衛生法では、建設工事の仕事を自ら行う注文者であって最上位の注文者に対し、一定の労働災害防止措置を講じなければならないこととしています（同法第31条以下)。つまり、特定元方事業者のことになります。

（図１）施工体系と事業者、注文者、関係請負人等の関係

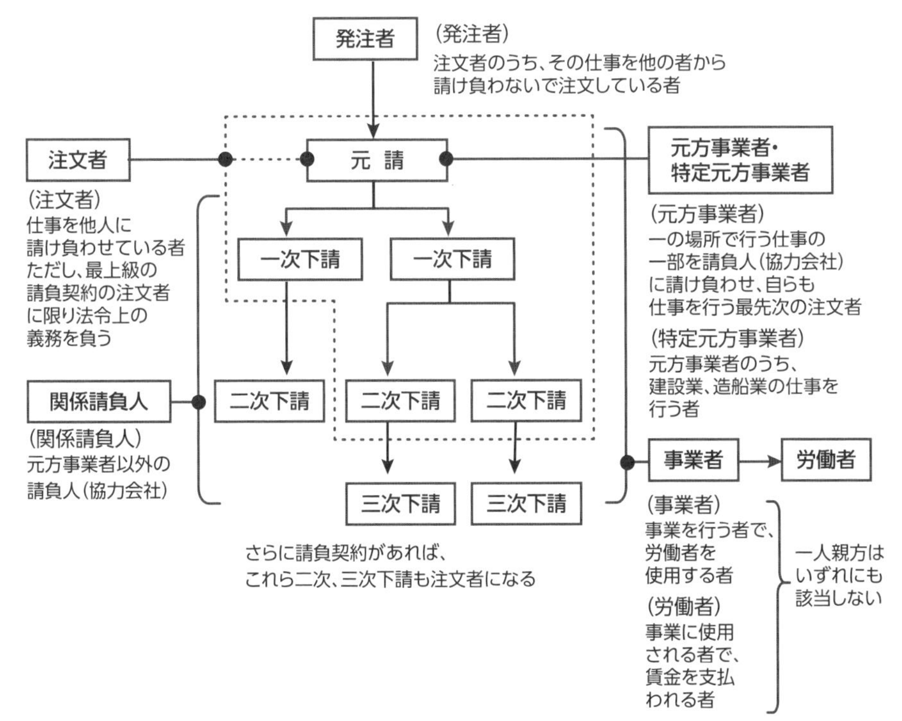

（9）労働災害

労働者の就業に係る建設物、設備、原材料、ガス、蒸気、粉じん等により、又は作業行動その他業務に起因して、労働者が負傷し、疾病にかかり、又は死亡することをいいます（安衛法第２条）。

そして、労災保険では、「労働者の業務上の負傷、疾病、障害又は死亡（業務災害）」に関して保険給付を行うこととしています。

なお、労災保険では、業務災害のほか通勤災害についても給付の対象としています。

コラム

労災保険豆知識 1

工事現場の労災保険は、元請が一括して掛ける

労働保険の保険料の徴収等に関する法律（徴収法）第８条第１項では、「厚生労働省令で定める事業が数次の請負によつて行なわれる場合には、この法律の規定の適用については、その事業を一の事業とみなし、元請負人のみを当該事業の事業主とする。」とされており、原則として元請負人がその現場全体について労災保険関係を成立させることとされています。

例外は、元請負人及び下請負人が、当該下請負人の請負に係る事業に関して同項の規定の適用を受けることにつき申請をし、厚生労働大臣の認可があつたときです。この場合は、当該請負に係る事業については、当該下請負人を元請負人とみなして同項の規定を適用する（同条第２項）とされています。

（10）通勤災害

労災保険では、労働者の通勤による負傷、疾病、障害又は死亡（通勤災害）に関して保険給付を行うこととしています（労災保険法第７条第１項）。

通勤とは、労働者が、就業に関し、次に掲げる移動を、合理的な経路及び方法により行うことをいい、業務の性質を有するものを除くものとされています（同条第２項）。

一　住居と就業の場所との間の往復

二　厚生労働省令で定める就業の場所から他の就業の場所への移動

三　一に掲げる往復に先行し、又は後続する住居間の移動（厚生労働省令で定める要件に該当するものに限る。）（注＝単身赴任の場合等）

通勤災害は、労災保険給付を受けたとしても、現場の労災事故としては扱われません。ただし、業務の性質を有するものは業務災害となり、現場の労災事故として扱われます。

その例としては、次のようなものがあります。

① 会社の車で移動している途中の災害
② マイカーであるが、業務で使用する会社の機械器具・材料等を運搬中の災害
③ マイカーであるが、事業主の暗黙の指示等により同僚等を便乗させている途中での災害

業務上災害となる交通事故を「交通労働災害」といいますが、一度に3名以上が被災することもままあり、これは「重大災害」となります。

(11) 労災かくし

労働者が労働災害その他就業中又は事業場内若しくはその附属建設物内において負傷窒息又は急性中毒により死亡し、又は休業したときには、遅滞なく労働安全衛生規則様式第23号による報告書（労働者死傷病報告）を所轄労働基準監督署長に提出しなければなりません（安衛法第100条、安衛則第97条1項）。ただし、休業日数が1日～3日の場合には、様式第24号を四半期ごとにまとめて提出しなければなりません。

これを遅滞なく提出せず、又は虚偽の内容を記載して提出した場合を「労災かくし」と呼び、処罰の対象とされています（安衛法第120条第5号）。

この「遅滞なく」とは、行政刑法の解釈として、「遅れることに合理的理由がある場合を除き、直ちに」の意味であるとされています。

なお、条文では「労働災害その他」とあり、業務上災害である場合に限定していないことに注意が必要です。

コラム

労災保険豆知識 2

休業し始めの 3 日分の休業補償は誰が支払うのか？

療養のため仕事を休む必要がある場合、労災保険から休業補償給付が支給されます。しかし、それは休業 4 日目以降の分です。では、最初の 3 日分はどうなるのでしょうか？

実は、労働基準法第 76 条では、平均賃金の 60% について、使用者に休業補償の義務を負わせています。

そして、同法第 87 条では、数次の請負によって行われる事業については、災害補償については、その元請負人を使用者とみなす旨定めています。ただし、元請負人が書面による契約で下請負人に補償を引き受けさせた場合においては、その下請負人もまた使用者とすることとされています。

このため、一般的に、建設工事の請負契約においてはその旨の条項が入れられているようです。

第2章

特定元方事業者が行う事項

概説

建設工事現場において、特定元方事業者が行うべき事項は、第一に統括管理です。

統括管理とは、複数の事業者（元請と協力会社）の労働者が同一の場所で混在して作業をしている状況の下で、各協力会社の作業の進捗状況に応じて他の協力会社の作業を調整することと、混在作業における危険防止措置を行うことです。これにより、工程表に従って、かつ、品質上も問題の無い施工をすることが可能になります。

また、元請ならではの実施事項が労働安全衛生法で定められています。協力会社の作業員が被災した場合において、労働基準監督署から元請が送検されるのは、これらの違反が認められた場合がほとんどです。

逆にいえば、これらの違反がなければ、最悪の死亡災害が発生した場合であっても、元請が送検されることはないといえます。ただし、偽装請負と認定された場合を除きます。

本章では、これらについて説明します。

建設工事現場の特殊性

工場、店舗その他の事業場では、事業者が自社で雇っている労働者の労働災害を防止するため、一定の事項を実施しなければなりません（事業者責任）。

しかし、建設工事現場と造船業では、それだけでは不十分です。なぜなら、一つの場所に複数の事業者の労働者が混在して作業を行っているからです。事業者は、労働安全衛生法上自社の労働者に対してだけ一定の事項についての措置義務を負っていますから、同じ場所で作業をしている他の事業者の労働者や通行人などの第三者に対しては何の義務も負わないこととなります。これでは、労働災害を防止することは不可能です。

そこで、労働安全衛生法では、特定元方事業者に対し当該現場において統括管理をすることによって、複数の事業者の労働者が同一の場所で混在して作業を行うことによる労働災害を防止するための義務を課しています。

コラム

通行人が被災した場合の労働安全衛生法違反

平成 28 年（2016 年）10 月、東京都港区のビルの外壁工事現場で、鉄パイプ 1 本が落下し、歩行者の頭部に刺さって死亡しました。東京地裁は、作業責任者に対し禁錮 1 年 6 月、執行猶予 4 年の判決を下しました。

労働安全衛生法は、通行人などの第三者に対する災害防止義務を課していません。しかし、同じ事業者に雇用されている労働者が被災者の近くで作業していたとか、そこにいた可能性がある場合などは、労働者が被災する危険が放置されていた（法違反）ところ、たまたま第三者が被災したということで処罰の対象になります。他の事業者の労働者が被災した場合も同様です。

元方事業者等の責務

特定元方事業者と注文者は、それぞれの立場で労働安全衛生法上の責務（責任と義務）を負っています。

1. 元方事業者の講ずべき措置等

(1) 違反防止のための指導

「元方事業者は、関係請負人及び関係請負人の労働者が、当該仕事に関し、この法律又はこれに基づく命令の規定に違反しないよう必要な指導を行なわなければならない。」(安衛法第 29 条第 1 項)と定められています。

これは、元方事業者にとってかなり大変な事項です。なぜなら、協力会社が遵守すべき事項をすべて知っていなければならないからです。

というのも、工事現場に労働基準監督署の立入調査があった場合、協力会社に法令違反が認められれば、その協力会社に是正勧告書等が交付されると共に、元方事業者は同法第 29 条第 1 項違反で是正勧告書を受けることが多いからです。この条文には、罰則はありませんが、労働基準監督署の記録上「元請の違反 1 件」として残されます。

協力会社が「安全衛生管理は元請の仕事」だと思い込んで、現場における法違反をなくすことを怠っていると、「貴社のおかげで是正勧告書を受けてしまった。」ということで、その協力会社には次の仕事は回ってこないかもしれません。

なお、労働基準監督署が協力会社を検挙するときには、元請の社員が共犯(共謀共同正犯)や教唆犯(違反をそそのかした)として検挙されることがあります。罰則がないからといって安閑としてはいられません。

また、現場での指示命令の実態により偽装請負と認定されると、労働者派遣法第 45 条に基づいて元請会社が検挙されることがあります。(偽装請負については 80 頁を参照してください。)

コラム

局指定店社

労働基準行政の制度として、局指定店社というものがあります。労働安全衛生法第 79 条に基づき、都道府県労働局長が該当する店社を指定して、安全衛生改善計画の作成を指示し、1 年間特別の指導を行うものです。指定される条件は都道府県労働局によって多少の違いはありますが、おおむね次のいずれか、又は複数に該当することです。

1 ある程度の工事現場数（工事量）を有する店社であること。

2 災害発生件数が多い又は重大な災害を発生させたこと。

3 店社としての安全衛生管理体制に問題が認められたこと。

4 工事現場への臨検監督の結果、法令違反等が多いこと。

なお、複数の都道府県労働局にまたがって活動している店社の場合には、厚生労働大臣が指定することがあります（同法第 78 条）。

(2) 違反防止のための指示

「元方事業者は、関係請負人又は関係請負人の労働者が、当該仕事に関し、この法律又はこれに基づく命令の規定に違反していると認めるときは、是正のため必要な指示を行なわなければならない。」（安衛法第 29 条第 2 項）と定められています。

ここで注意しなければならないのは、「法令違反を是正させるため必要な指示」に限るということです。工事に関する具体的な作業指示をしてしまうと、後述する偽装請負になってしまいます。

休憩所
…でさ～
あはは

お前らろくに仕事も
しないでなにサボってる
この給料泥棒が
げっ
所長だ

元請だからって
偉そうに
んっ!?

ポンプが止まってるじゃないか
プスン
パチ
パチ

こんなので雨水が
掃き出せるのか
いますぐ動かせ
すみません

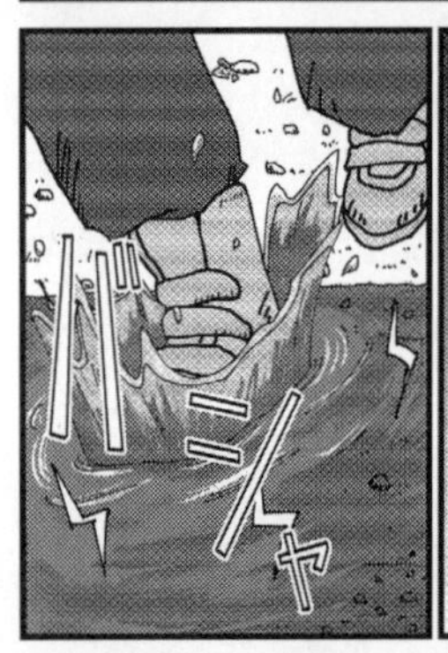

かっ感電か!?

△○労働基準監督署
労働基準監督署

現場所長が下請作業員に
直接作業の指示を出したんだね

それは偽装請負といって
違法なことですよ
ぐっ…
労働者派遣法第45条により、
所長と元請会社が送検された

(3) 土砂崩壊等の防止措置

「元方事業者は、土砂等が崩壊するおそれのある場所、機械等が転倒するおそれのある場所その他の厚生労働省令で定める場所において関係請負人の労働者が当該事業の仕事の作業を行うときは、当該関係請負人が講ずべき当該場所に係る危険を防止するための措置が適正に講ぜられるように、技術上の指導その他の必要な措置を講じなければならない。」(安衛法第 29 条の 2) と定められています。詳細は次の頁の「資料」を参照してください。

つまり、車両系建設機械や移動式クレーン等を現場に入れる場合、あらかじめ不同沈下等を防止するための措置を講じなければならないほか、ガス管や水道管その他の地下埋設物等の存在を確認してそれらの破損等を防止しなければなりません。

資料

「厚生労働省令で定める場所」

この「厚生労働省令で定める場所」とは、次の場所をいいます（安衛則第634条の2）。

一　土砂等が崩壊するおそれのある場所（関係請負人の労働者に危険が及ぶおそれのある場所に限る。）

一の二　土石流が発生するおそれのある場所（河川内にある場所であって、関係請負人の労働者に危険が及ぶおそれのある場所に限る。）

二　機械等が転倒するおそれのある場所（関係請負人の労働者が用いる車両系建設機械のうち令別表第7第3号に掲げるもの又は移動式クレーンが転倒するおそれのある場所に限る。）

三　架空電線の充電電路に近接する場所であつて、当該充電電路に労働者の身体等が接触し、又は接近することにより感電の危険が生ずるおそれのあるもの（関係請負人の労働者により工作物の建設、解体、点検、修理、塗装等の作業若しくはこれらに附帯する作業又はくい打機、くい抜機、移動式クレーン等を使用する作業が行われる場所に限る。）

四　埋設物等又はれんが壁、コンクリートブロック塀、擁壁等の建設物が損壊する等のおそれのある場所（関係請負人の労働者により当該埋設物等又は建設物に近接する場所において明かり掘削の作業が行われる場所に限る。）

鉄板敷いてないところがあるけど大丈夫ですか
大丈夫、大丈夫、早くやってくれよ
ゴゴゴゴゴゴ

ゴゴゴゴゴ
ゴゴゴゴゴ
ガンガン

ヨイショ
ウィーン

間に合わせだけど一枚敷いとけばいいだろう

アウトリガーが鉄板からはみ出しますよ

ズズーン
うわあああっ

ぐらあ

ウィーン
ズズズズズズ

18:20
クレーンの修理代
2千万円余
協力会社と元請が検察庁に送検
明日は我が身…

死亡事故となり労基署から複数人の監督官が立入調査に入った

電力、ガス、水道等の地下埋設物については、「ガス工作物その他政令で定める工作物を設けている者は、当該工作物の所在する場所又はその附近で工事その他の仕事を行なう事業者から、当該工作物による労働災害の発生を防止するためにとるべき措置についての教示を求められたときは、これを教示しなければならない。」（安衛法第102条）とされています。

この条文で「政令で定める工作物」とあるのは、電気工作物、熱供給施設と石油パイプラインのことです（安衛令第25条）。

なお、これに関連し、労働安全衛生規則第355条では次のように定めています。

事業者は、地山の掘削の作業を行う場合において、地山の崩壊、埋設物等の損壊等により労働者に危険を及ぼすおそれのあるときは、あらかじめ、作業箇所及びその周辺の地山について次の事項をボーリングその他適当な方法により調査し、これらの事項について知り得たところに適応する掘削の時期及び順序を定めて、当該定めにより作業を行わなければならない。

一　形状、地質及び地層の状態

二　き裂、含水、湧（ゆう）水及び凍結の有無及び状態

三　埋設物等の有無及び状態

四　高温のガス及び蒸気の有無及び状態

2. 特定元方事業者

特定元方事業者とは、前述したとおり建設業と造船業の元方事業者のことです。ここでは、建設業の元方事業者が行うべき事項について述べます。

（図 2）店社と作業所の安全衛生管理体制

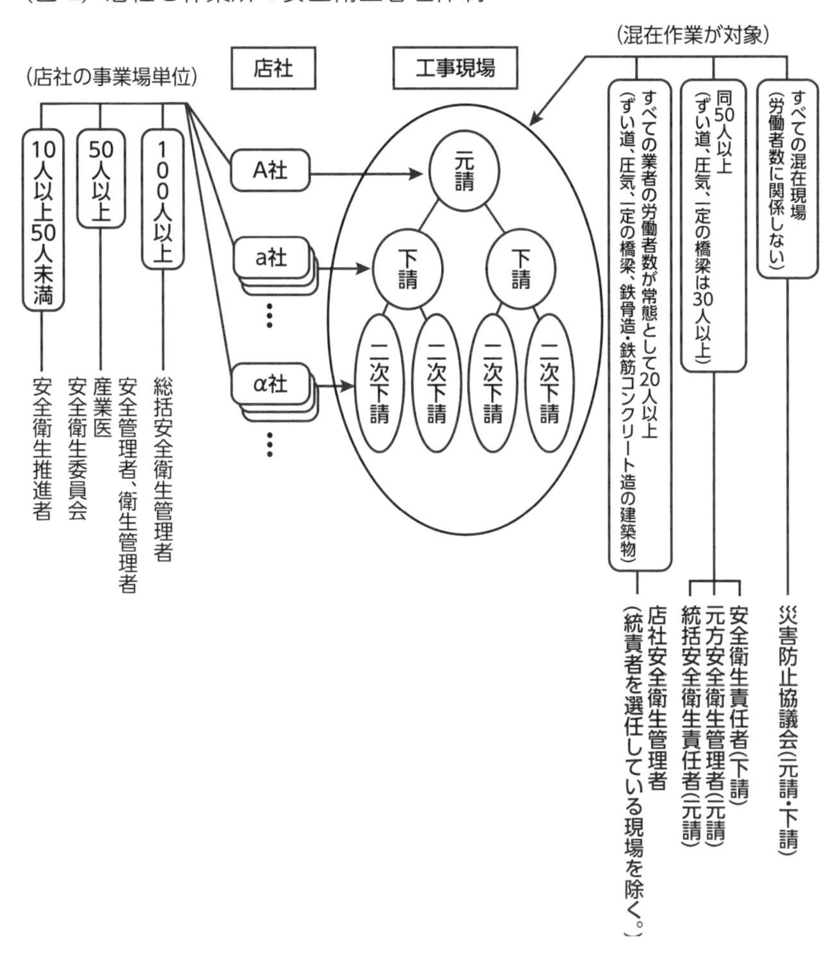

(1) 統括安全衛生責任者の選任

統括安全衛生責任者のことを、業界では略して「統責者」と呼んでいます。

事業者で、一の場所において行う事業の仕事の一部を請負人に請け負わせているもののうち、建設業と造船業（特定元方事業者）は、その労働者及びその請負人（元方事業者の当該事業の仕事が数次の請負契約によつて行われるときは、当該請負人の請負契約の後次のすべての請負契約の当事者である請負人を含む。以下「関係請負人」という。）の労働者が当該場所において作業を行うときは、これらの労働者の作業が同一の場所において行われることによって生ずる労働災害を防止するため、統括安全衛生責任者を選任し、その者に元方安全衛生管理者の指揮をさせるとともに、労働安全衛生法第30条第1項各号の事項を統括管理させなければならない。ただし、これらの労働者の数が政令で定める数未満であるときは、この限りでない（同法第15条第1項）と規定しています。

この工事の規模については、前掲の図2を参照してください。工事の種類により、協力会社の労働者（作業員）全員と特定元方事業者の労働者との合計人数により、選任義務が異なります。

統括安全衛生責任者として任命するのは、当該工事を統括管理する責任者であればよく、それ以外の資格等はありません。通常、現場所長が統責者になります。

(2) 元方安全衛生管理者の選任

特定元方事業者は、統責者を選任しなければならない工事現場では、統責者を選任すると同時に、元方安全衛生管理者を選任し、その者に労働安全衛生法第30条第1項各号の事項のうち技術的事項を管理させなければならない（同法第15条の2）と定められています。

これは、統責者が現場所長であることから、実務事項を自ら実施することが困難であろうことを想定して設けられた規定です。特定元方事業者が実施すべき事項は、実務上この元方安全衛生管理者が実行することになります。

資料

元方安全衛生管理者として選任するための資格（安衛則第 18 条の 4）

一　学校教育法による大学又は高等専門学校における理科系統の正規の課程を修めて卒業した者で、その後 3 年以上建設工事の施工における安全衛生の実務に従事した経験を有するもの

二　学校教育法による高等学校又は中等教育学校において理科系統の正規の学科を修めて卒業した者で、その後 5 年以上建設工事の施工における安全衛生の実務に従事した経験を有するもの

三　前 2 号に掲げる者のほか、厚生労働大臣が定める者

これは、昭和 55 年労働省告示第 82 号（最終改正：平成 30 年厚労告示第 27 号）において、次のいずれかに掲げる者とされています。

一　学校教育法による大学（旧大学令による大学を含む。）又は高等専門学校（旧専門学校令による専門学校を含む。）における理科系統の課程以外の正規の課程を修めて卒業した者（独立行政法人大学改革支援・学位授与機構により学士の学位を授与された者（当該課程を修めた者に限る。）若しくはこれと同等以上の学力を有すると認められる者又は当該課程を修めて同法による専門職大学の前期課程を修了した者を含む。）で、その後 5 年以上建設工事の施工における安全衛生の実務に従事した経験を有するもの

二　学校教育法による高等学校（旧中等学校令による中等学校を含む。）又は中等教育学校において理科系統の学科以外の正規の学科を修めて卒業した者（学校教育法施行規則第 150 条に規定する者又はこれと同等以上の学力を有すると認められる者を含む。）で、その後 8 年以上建設工事の施工における安全衛生の実務に従事した経験を有するもの

三　職業能力開発促進法施行規則第 9 条に定める普通課程の普通職業訓練のうち同令別表第 2 に定めるところにより行われるもの（職業能力開発促進法施行規則等の一部を改正する省令(平成 5 年労働省令第 1 号。以下「平成 5 年改正省令」という。）による改正前の職業能力開発促進法施行規則（以下「旧能開法規則」という。）別表第 3 に定めるところにより行われる普通課程の養成訓練並びに職業訓練法施行規則及び雇用保険法施行規則の一部を改正する省令（昭和 60 年労働省令第 23 号）による改正前の職業訓練法施行規則（以下「訓練法規則」という。）別表第 1 の普通訓練課程及び職業訓練法の一部を改正する法律（昭和 53 年法律第 40 号）による改正前の職業訓練法（昭和 44 年法律第 64 号。以下「旧訓練法」という。）第 9 条第 1 項の高等訓練課程の養成訓練を含む。）（当該訓練において履習すべき専攻学科又は専門学科の主たる学科が工学に関する科目であるものに限る。）を修了した者で、その後 5 年以上建設工事の施工における安全衛生の実務に従事した経験を有するもの

四　職業能力開発促進法施行規則第 9 条に定める専門課程又は同令第 36 条の 2 第 2 項に定める特定専門課程の高度職業訓練のうち同令別表第 6 に定めるところにより行われるもの（旧能開法規則別表第 3 の 2 に定めるところにより行われる専門課程の養成訓練並びに訓練法規則別表第 1 の専門訓練課程及び旧訓練法第 9 条第 1 項の特別高等訓練課程の養成訓練を含む。）（当該訓練において履習すべき専攻学科又は専門学科の主たる学科が工学に関する科目であるものに限る。）を修了した者で、その後 3 年以上建設工事の施工における安全衛生の実務に従事した経験を有するもの

五　職業訓練法施行規則の一部を改正する省令（昭和 53 年労働省令第 37 号）附則第 2 条第 1 項に規定する専修訓練課程の普通職業訓練（平成 5 年改正省令による改正前の同項に規定する専修訓練課程及び旧訓練法第 9 条第 1 項の専修訓練課程の養成訓練を含む。）（当該訓練において履習すべき専門学科の主たる学科が工学に関する科目であるものに限る。）を修了した者で、その後 6 年以上建設工事の施工における安全衛生の実務に従事した経験を有するもの

六　10 年以上建設工事の施工における安全衛生の実務に従事した経験を有する者

(3) 店社安全衛生管理者

建設業の元方事業者は、その労働者及び関係請負人の労働者が一の場所（これらの労働者の数が厚生労働省令で定める数未満である場所及び第 15 条第 1 項又は第 3 項の規定により統括安全衛生責任者を選任しなければならない場所を除く。）において作業を行うときは、当該場所において行われる仕事に係る請負契約を締結している事業場ごとに、これらの労働者の作業が同一の場所で行われることによって生ずる労働災害を防止するため、厚生労働省令で定める資格を有する者のうちから、厚生労働省令で定めるところにより、店社安全衛生管理者を選任し、その者に、当該事業場で締結している当該請負契約に係る仕事を行う場所における第 30 条第 1 項各号の事項を担当する者に対する指導その他厚生労働省令で定める事項を行わせなければなりません（安衛法第 15 条の 3 第 1 項）。

店社とは、当該建設工事を行う元方事業者の本社、支社、支店等をいいます。建設工事に関する請負契約を締結している事業場ですから、その長が契約を締結する権限を有していなければなりません。

なお、市町村の工事を請け負うため、市町村に営業所等の店社を構えている場合がありますが、電話と事務員若干名のみで設計・積算部門もなく、契約者印はその上部の支店長等が有しているような場合には、その営業所はここでいう店社には該当しません。

資料

店社安全衛生管理者の資格（安衛則第 18 条の 7）

一　学校教育法による大学又は高等専門学校を卒業した者（大学改革支援・学位授与機構により学士の学位を授与された者若しくはこれと同等以上の学力を有すると認められる者又は専門職大学前期課程を修了した者を含む。）で、その後 3 年以上建設工事の施工における安全衛生の実務に従事した経験を有するもの

二　学校教育法による高等学校又は中等教育学校を卒業した者（学校教育法施行規則第 150 条に規定する者又はこれと同等以上の学力を有すると認められる者を含む。）で、その後 5 年以上建設工事の施工における安全衛生の実務に従事した経験を有するもの

三　8 年以上建設工事の施工における安全衛生の実務に従事した経験を有する者

四　前 3 号に掲げる者のほか、厚生労働大臣が定める者

(4) 統括管理の具体的事項

特定元方事業者は、統括安全衛生責任者に、労働安全衛生法第 30 条第 1 項に規定する事項を統括管理させなければなりません。詳細は労働安全衛生規則第 634 条の 2 から第 664 条までに規定しています。その事項とは、次のものです。

① 協議組織の設置及び運営を行うこと。

特定元方事業者は、法第 30 条第 1 項第 1 号の協議組織の設置及び運営については、次に定めるところによらなければなりません（安衛則第 635 条）。

ア 特定元方事業者及びすべての関係請負人が参加する協議組織を設置すること。

大きな工事現場で、例えば関係請負人（協力会社）が 200 社ある場合には、どうすればよいでしょうか。

法令ではそうなっている。そういうことです。そのような規模の大きな工事現場に労働基準監督署が立入調査に来ることは滅多にないと思いますが、立入調査を受けた際に「そうか」と思われるようにしておくことです。末端の協力業者も参加していることが重要です。

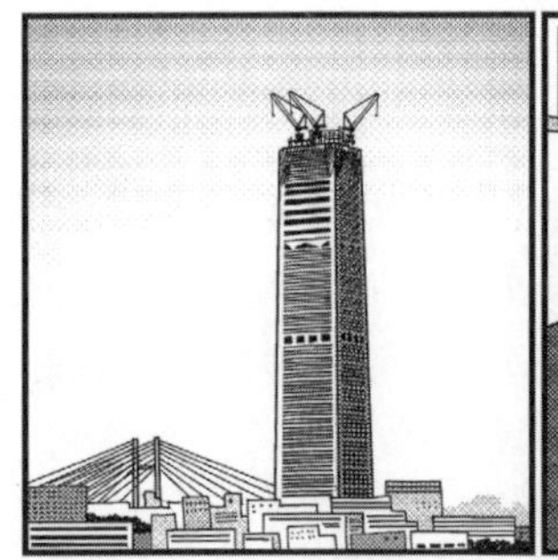

労働基準監督署の臨検
(立入調査)が入る

このところの
災害防止協議会ですが、
五次の業者が
入っていませんね…

これは法令違反です

是正勧告書ですか？

そうですね
条文には「すべての関係請負人を
含めなければならない」とあります
ほーん

ではこれで

全部の協力会社となると
３００社はありますよ
全員入れる会議室
なんてないじゃないですか
ごちゃ

ま、条文はそう
なっているので、
労働基準監督署としては
建前を言っているのさ

ということは、
こちらも建前で
答えるしかないだろ

建前上、
やります
としか
言えないわけか…

じゃ、是正報告書の
内容は任せたよ
えっ!?
そんなぁ…

イ　当該協議組織の会議を定期的に開催すること。

一般的に「災害防止協議会（災防協）」と呼ばれています。

では、土木工事などで協力会社が１社しかない場合、どのようにすればよいのでしょうか。

実は、どのような工事でも工程の打合せは頻繁に行っているでしょうから、そのうち少なくとも毎月１回については、安全衛生に関する事項についての打合せをし、災害防止協議会としての記録をしておけばよいのです。

一般的にいって、製造業の子会社である工事会社（エンジニアリング会社）が元請の場合では、この点の取組が弱いようです。

関係請負人は、この規定により特定元方事業者が設置する協議組織に参加しなければならないので、すべての協力会社は職長・安全衛生責任者（又はこれに準ずる者）を参加させなければなりません。

職長・安全衛生責任者は、職長・安全衛生責任者養成講習を修了した者でなければなりません。

この講習は、14時間（丸２日）のカリキュラムです。講師の資格は、RSTトレーナー研修（建設業）を修了した者です。

職長・安全衛生責任者養成講習は、現時点では登録講習機関でなくても実施できますが、その場合、実施者は毎年３月末日時点の受講者名簿を都道府県労働局労働基準部の安全健康課（又はこれに該当する課）に提出しなければなりません。

なお、災害防止協議会の出席者から自筆で参加の署名をしてもらうことが、万が一災害が発生した場合に、「聞いてない。」との言い逃れを防ぐ鍵となります。

②　作業間の連絡及び調整を行うこと。

この作業間の連絡及び調整については、随時、特定元方事業者と関係請負人との間及び関係請負人相互間における連絡及び調整を行なわなければなりません（安衛則第 636 条）。

特に重要なことは、ある業者が担当している作業が遅れているということです。その工程が遅れていることを他の協力業者に伝え、それに応じた工程に変えてもらうことが、この規定のポイントです。

遅れの原因としては、設計変更が生じた、資材の現場への搬入遅れ（メーカーでの出荷遅れ、交通事情等）が生じた、悪天候により作業の中断が生じた、施工に不具合が出て手直し・やり直し等が生じた、協力会社の作業員に欠勤が出た、等が考えられます。

③　作業場所を巡視すること。

この巡視については、毎作業日に少なくとも 1 回、これを行なわなければなりません（安衛則第 637 条第 1 項）。

また、関係請負人は、特定元方事業者が行なう巡視を拒み、妨げ、又は忌避してはならない（同条第 2 項）とされています。一般的には、元方安全衛生管理者が行うことが多いものですが、統括安全衛生管理者が実施するとさらに効果的です。

屋内テニスコート建築中

安全ネットを
外しに来ました
今日の予定でしたね
ああー

片付けて
いいってさ
了解です

木毛板に銅板を
葺く作業中

クラ

しまった！
バキ

大変だ！
救急車呼べ！

△〇労働基準監督署

屋根工事が予定より遅れていたのに、
鳶の工事業者に連絡していなくて
鳶が予定どおりに安全ネットを
外してしまったと
…はい

幸い被災者は命に別状はなかったけど、重症ですね
元請の仕事である連絡調整を怠ったという違反ですね
すみませんでした…

元請会社は幸い送検は免れたが、
後日労災保険給付額の４０％に
ついて、法令違反による労災事故
という理由で、費用徴収を受けた。

④　関係請負人が行う労働者の安全又は衛生のための教育に対する指導及び援助を行うこと。

この教育に対する指導及び援助については、当該教育を行なう場所の提供、当該教育に使用する資料の提供等の措置を講じなければなりません（安衛則第 638 条）。場合によっては、研修等の講師を担当することもあります。

関係請負人が行う労働者の安全衛生教育とは、次のようなものがあります。

ア）　雇入れ時の安全衛生教育（安衛法第 59 条 第 1 項、安衛則第 35 条）

イ）　新規入場時教育

ウ）　作業変更時の安全衛生教育（安衛法第 59 条第 2 項）

エ）　特別教育（安衛法第 59 条第 3 項、安衛則第 36 条）

オ）　救命救急に関する事項等の教育（一次救命）

カ）　消火器の使用方法等の実地教育（初期消火）

キ）　職長、安全衛生責任者教育（安衛法第 60 条）

⑤　仕事の工程に関する計画及び作業場所における機械、設備等の配置に関する計画を作成するとともに、当該機械、設備等を使用する作業に関し関係請負人がこの法律又はこれに基づく命令の規定に基づき講ずべき措置についての指導を行うこと。

この計画の作成については、工程表等の当該仕事の工程に関する計画並びに当該作業場所における主要な機械、設備及び作業用の仮設の建設物の配置に関する計画を作成しなければなりません（安衛則第

638 条の 3)。

この計画については、施工計画書において示されていればよいものです（平 4.8.24 基発 480 号)。

「工程表等」の「等」には、機械等の搬入、搬出の予定についての計画があります（同通達)。

「主要な機械、設備及び作業用の仮設の建設物」には、クレーン、工事用エレベーター、主要な移動式クレーン、建設機械等の工事用の機械、足場、型枠支保工、土止め支保工、架設通路、作業構台、軌道装置、仮設電気設備等の工事用の設備及び事務所、寄宿舎等の作業用の仮設の建設物があります（同通達)。後述する「5 計画の届出」も参照してください。

⑥ 前①から⑤に掲げるもののほか、当該労働災害を防止するため必要な事項

これには、特定元方事業者、元方事業者及び注文者として次のような事項が労働安全衛生規則に定められています。

立場	実施事項等	条文（安衛則）
特定元方事業者	関係請負人の講ずべき措置についての指導	第638条の4
	クレーン等の運転についての合図の統一	第639条
	事故現場等の標識の統一等	第640条
	有機溶剤等の容器の集積箇所の統一	第641条
	警報の統一等	第642条
	避難等の訓練の実施方法等の統一等	第642条の2
	土石流危険河川における避難等の訓練の実施方法等の統一等	第642条の2の2
	周知のための資料の提供等	第642条の3
元方事業者	作業間の連絡及び調整	第643条の2
	クレーン等の運転についての合図の統一	第643条の3
	事故現場等の標識の統一等	第643条の4
	有機溶剤等の容器の集積箇所の統一	第643条の5
	警報の統一等	第643条の6
	救護に関する技術的事項を管理する者	第643条の9
注文者	くい打機及びくい抜機についての措置	第644条
	軌道装置についての措置	第645条
	型わく支保工についての措置	第646条
	アセチレン溶接装置についての措置	第647条
	交流アーク溶接機についての措置	第648条
	電動機械器具についての措置	第649条
	潜函（かん）等についての措置	第650条
	ずい道等についての措置	第651条
	ずい道型わく支保工についての措置	第652条
	物品揚卸口等についての措置	第653条
	架設通路についての措置	第654条
	足場についての措置	第655条
	作業構台についての措置	第655条の2

クレーン等についての措置	第656条
ゴンドラについての措置	第657条
局所排気装置についての措置	第658条
プッシュプル型換気装置についての措置	第658条の2
全体換気装置についての措置	第659条
圧気工法に用いる設備についての措置	第660条
エックス線装置についての措置	第661条
ガンマ線照射装置についての措置	第662条
化学設備及びその附属設備、特定化学設備及びその附属設備の改造、修理、清掃等で、当該設備を分解する作業又は当該設備の内部に立ち入る作業を行う場合の措置	安衛法第31条の2、安衛令第9条の3、安衛則第662条の2~4
特定作業（次の機械を用いる作業）を行う場合の措置 一 機体重量が3トン以上の車両系建設機械のうち令別表第7第2号1、2及び4に掲げるもの 二 車両系建設機械のうち令別表第7第3号1から3まで及び6に掲げるもの 三 つり上げ荷重が3トン以上の移動式クレーン	安衛法第31条の3、安衛則第662条の5
パワー・ショベル等についての措置	第662条の6
くい打機等についての措置	第662条の7
移動式クレーンについての措置	第662条の8
機械等の貸与を受けた者の講ずべき措置（オペ付きリースで重機等をリースした場合の資格の確認等）	第667条

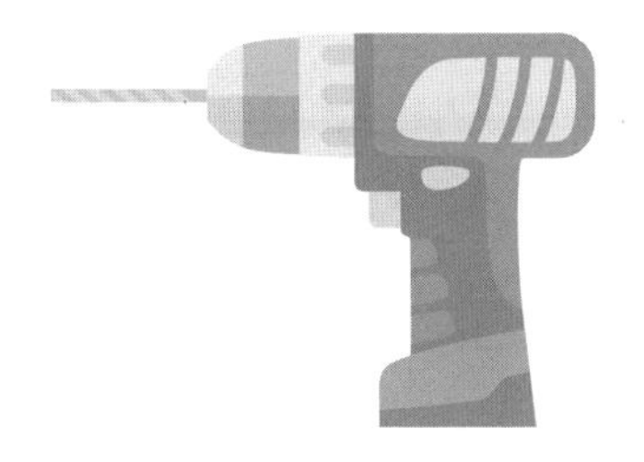

コラム

大規模工事の指定と統括管理状況報告の提出

請負金額が一定額以上である工事とか、特殊な工法を用いる工事などについて、所轄労働基準監督署長を通じて都道府県労働局長名で「大規模工事」としての指定を受けることがあります。指定を受けると、四半期ごとに「統括管理状況報告」を所轄労働基準監督署長を通じて都道府県労働局長に提出するようにとの指示を受けます。

これは、これほどの大きな工事現場であれば、特定元方事業者には統括管理を行うための人員がそろっているはずであるから、原則として労働基準監督署からの立入調査はしません。したがって、自主管理をきちんと行ってくださいという指定です。

とはいえ、筆者が公務員時代のことでしたが、工事用エレベーターの落成検査に行った担当官から、「(大規模工事の指定をした) あの現場は危ないから立入調査に行ったほうがいい。」との指摘を受け、抜き打ちで出向きました。

現場所長は顔見知りの人物でした。私の顔を見るや場内アナウンスを流し、社員を集め、これから私が現場を巡視するのに同行し、どのような指摘を受けるか勉強しろというのでした。私の後ろにはちょっとした行列ができました。そして、案の定かなりの指摘事項が出たのでした。

共同企業体の場合

共同企業体とは、ジョイント・ベンチャーともいい、共同連帯して請け負った事業者の労働者が一体となって工事を施工する共同施工方式（通称「甲型」という。）と、工事の場所を分割してそれぞれ施工する場合（通称「乙型」という。）があります。

元請が共同企業体になることがありますが、その場合、元請の工事事務所に在籍する労働者についての事業者を複数のままとすると、責任分担が複雑になります。乙型は問題が生じませんが、甲型は責任の所在が不明確となりがちです。

そこで、「共同企業体代表者（変更）届」（安衛則様式第１号）を所轄労働基準監督署長を経由して都道府県労働局長に届け出ることにより、その代表者のみを事業者として扱い、代表者以外の事業者は当該現場では事業者としては扱わないこととしています(安衛法第５条)。

この届出は、当該届出に係る仕事の開始の日の 14 日前までに都道府県労働局長に提出しなければなりません。届出がない場合には、都道府県労働局長が指名することとされていますが、今日では折半の場合であっても話し合いで代表者を決めるのが普通です。

なお、代表者の変更があった場合には、遅滞なく様式第１号による届出を当該都道府県労働局長に提出しなければなりません。

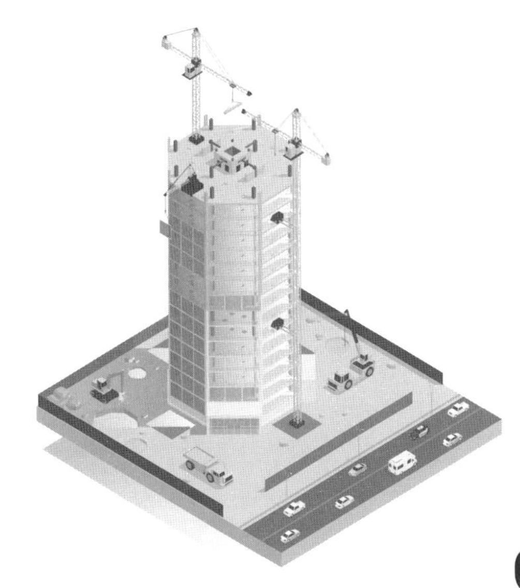

特定元方事業開始報告書の提出

建設工事を開始する前に労災保険関係成立届を所轄労働基準監督署に提出するのが通例です。これを提出しないでいて労働災害が発生し、労災保険給付を受けた場合には、労働基準監督署長から費用徴収（一種の弁償）を受けるからです。

労災保険関係成立届と同時に提出するのが、特定元方事業開始報告です。労働安全衛生規則第 664 条では、次のように定めています。

特定元方事業者（法第 30 条第 2 項又は第 3 項の規定により指名された事業者を除く。）は、その労働者及び関係請負人の労働者の作業が同一の場所において行われるときは、当該作業の開始後、遅滞なく、次の事項を当該場所を管轄する労働基準監督署長に報告しなければならない。

一　事業の種類並びに当該事業場の名称及び所在地

二　関係請負人の事業の種類並びに当該事業場の名称及び所在地

三　法第 15 条の規定により統括安全衛生責任者を選任しなければならないときは、その旨及び統括安全衛生責任者の氏名

四　法第 15 条の 2 の規定により元方安全衛生管理者を選任しなければならないときは、その旨及び元方安全衛生管理者の氏名

五　法第 15 条の 3 の規定により店社安全衛生管理者を選任しなければならないときは、その旨及び店社安全衛生管理者の氏名（第 18 条の 6 第 2 項の事業者にあっては、統括安全衛生責任者の職務を行う者及び元方安全衛生管理者の職務を行う者の氏名）

この報告書の提出に当たり、通達（昭 42・4・4 基収第 1231 号）で次のように示されています。

一　**事業開始時に全関係請負人を記載して報告することは不可能であるので、事業開始時に判明している関係請負人のみを記載することとし、後日請負関係になることが判明した者については、その都度報告しなくてもよい。**

二　**元方事業主のすべてがこの報告を提出することは、事実上困難な場合が多いので、一の場所に働く労働者の数が常に 10 人未満である場合においては、本報告を省略して差し支えない。**

三　**この報告は、条文に示された事項のすべてを記載したものであればどのような様式のものでも差し支えない。**

なお、本報告を提出しなかった場合には、労働安全衛生法第 100 条違反として処罰の対象となることがあります。

計画の届出

(1) 対象となる工事等

建設工事に関係する計画の届出は、特定元方事業者にのみ義務付けられています（安衛法第 88 条第 5 項）。

労働安全衛生法第 88 条による届出は、第 1 項、第 2 項及び第 3 項の届出に分けられます。またその対象は次の表のとおりです。

法 88 条	対象となる機械等、仕事	届出を要しないもの	届出期限	届出先
第 1 項 安衛則 第 85 条、 別表第 7	1 特定機械等 ①つり上げ荷重が 3 トン以上のクレーン ②つり上げ荷重が 2 トン以上のデリック ③積載荷重が 1 トン以上のエレベーター ④ガイドレール（昇降路を有するものにあっては、昇降路）の高さが 18 メートル以上の建設用リフト（積載荷重が 0.25 トン未満のものを除く。） ⑤ゴンドラ		当該工事の開始の日の 30 日前まで	所轄労働基準監督署長
	2 安衛則別表第 7 の機械等（数字は、別表の号別） ⑨軌道装置 ⑩型枠支保工（支柱の高さが 3.5 メートル以上のものに限る。）			
	⑪架設通路（高さ及び長さがそれぞれ 10 メートル以上のものに限る。） ⑫足場（つり足場、張出し足場以外の足場にあっては、高さが 10 メートル以上の構造のものに限る。）	組立てから解体までの期間が 60 日未満のもの		

第2項 安衛則 第89条	一　高さが300メートル以上の塔の建設の仕事 二　堤高（基礎地盤から堤頂までの高さをいう。）が150メートル以上のダムの建設の仕事 三　最大支間500メートル（つり橋にあっては、1,000メートル）以上の橋梁（りょう）の建設の仕事 四　長さが3,000メートル以上のずい道等の建設の仕事 五　長さが1,000メートル以上3,000メートル未満のずい道等の建設の仕事で、深さが50メートル以上のたて坑（通路として使用されるものに限る。）の掘削を伴うもの 六　ゲージ圧力が0.3メガパスカル以上の圧気工法による作業を行う仕事		当該仕事の開始の日の30日前まで	厚生労働大臣
第3項 安衛則 第90条	一　高さ31メートルを超える建築物又は工作物（橋梁（りょう）を除く。）の建設、改造、解体又は破壊（以下「建設等」という。）の仕事 二　最大支間50メートル以上の橋梁（りょう）の建設等の仕事 二の二　最大支間30メートル以上50メートル未満の橋梁（りょう）の上部構造の建設等の仕事（第18条の2の2の場所（注＝人口が集中している地域内における道路上若しくは道路に隣接した場所又は鉄道の軌道上若しくは軌道に隣接した場所）において行われるものに限る。） 三　ずい道等の建設等の仕事（ずい道等の内部に労働者が立ち入らないものを除く。）		当該仕事の開始の日の14日前まで	所轄労働基準監督署長

	四　掘削の高さ又は深さが10メートル以上である地山の掘削（ずい道等の掘削及び岩石の採取のための掘削を除く。以下同じ。）の作業（掘削機械を用いる作業で、掘削面の下方に労働者が立ち入らないものを除く。）を行う仕事 五　圧気工法による作業を行う仕事 五の二　建築基準法第２条第９号の２に規定する耐火建築物又は同法第２条第９号の３に規定する準耐火建築物で、石綿等が吹き付けられているものにおける石綿等の除去の作業を行う仕事 五の三ダイオキシン類対策特別措置法施行令別表第１第５号に掲げる廃棄物焼却炉（火格子面積が２平方メートル以上又は焼却能力が１時間当たり200キログラム以上のものに限る。）を有する廃棄物の焼却施設に設置された廃棄物焼却炉、集じん機等の設備の解体等の仕事 六　掘削の高さ又は深さが10メートル以上の土石の採取のための掘削の作業を行う仕事 七　坑内掘りによる土石の採取のための掘削の作業を行う			

これらの計画について変更を生じた場合には、変更届を提出しなければなりません。

(2) 計画届の対象外

労働安全衛生マネジメントシステムが構築されていると認められる店社が行う工事については、計画届の対象外とされています（安衛法第 88 条第 1 項ただし書、安衛則第 87 条、第 87 条の 2)。

この認定は、申請に基づき建設業の店社を単位として所轄労働基準監督署長が行います。

(3) 参画者

一定の仕事の計画を届け出るに当たり、労働安全衛生法第 88 条第 1 項の規定による届出に係る工事のうち厚生労働省令で定める工事の計画、第 2 項の厚生労働省令で定める仕事の計画又は第 3 項の規定による届出に係る仕事のうち厚生労働省令で定める仕事の計画を作成するときは、当該工事に係る建設物若しくは機械等又は当該仕事から生ずる労働災害の防止を図るため、厚生労働省令で定める資格を有する者を参画させなければなりません（同法第 88 条第 4 項、安衛則第 92 条の 2)。

参画者の資格は、工事の種類ごとに労働安全衛生規則別表第 9 に定められています（安衛則第 92 条の 3)。資格者は、工事現場に常駐している必要はなく、届出の前に店社での決裁時に参画していたことがわかればよいものです。そのため、計画届に参画者の氏名、資格を証する経歴等を添付し、社内決裁時の書類を添付する必要があります。

工事又は仕事の区分	資 格
型枠支保工（支柱の高さが3.5メートル以上のものに限る。）等に係る工事	一　次のイ及びロのいずれにも該当する者 イ　次のいずれかに該当する者 (1) 型枠支保工に係る工事の設計監理又は施工管理の実務に3年以上従事した経験を有すること。 (2) 建築士法第12条の一級建築士試験に合格したこと。 (3) 建設業法施行令第27条の3に規定する一級土木施工管理技術検定又は一級建築施工管理技術検定に合格したこと。 ロ　工事における安全衛生の実務に3年以上従事した経験を有すること又は厚生労働大臣の登録を受けた者が行う研修を修了したこと。 二　労働安全コンサルタント試験に合格した者で、その試験の区分が土木又は建築であるもの 三　その他厚生労働大臣が定める者
足場（つり足場、張出し足場以外の足場にあっては、高さが10メートル以上の構造のものに限る。）に係る工事	一　次のイ及びロのいずれにも該当する者 イ次のいずれかに該当する者 (1) 足場に係る工事の設計監理又は施工管理の実務に3年以上従事した経験を有すること。 (2) 建築士法第12条の一級建築士試験に合格したこと。 (3) 建設業法施行令第27条の3に規定する一級土木施工管理技術検定又は一級建築施工管理技術検定に合格したこと。 ロ　工事における安全衛生の実務に3年以上従事した経験を有すること又は厚生労働大臣の登録を受けた者が行う研修を修了したこと。 二　労働安全コンサルタント試験に合格した者で、その試験の区分が土木又は建築であるもの 三　その他厚生労働大臣が定める者

第89条第1号に掲げる仕事及び第90条第1号に掲げる仕事のうち建設の仕事（ダムの建設の仕事を除く。）	一　次のイ及びロのいずれにも該当する者 イ　次のいずれかに該当すること。 (1) 学校教育法による大学又は高等専門学校において、理科系統の正規の課程を修めて卒業し（大学改革支援・学位授与機構により学士の学位を授与された者（当該課程を修めた者に限る。）若しくはこれと同等以上の学力を有すると認められる者又は当該課程を修めて専門職大学前期課程を修了した者である場合を含む。次項第1号イ（1）において同じ。）、その後10年以上建築工事の設計監理又は施工管理の実務に従事した経験を有すること。 (2) 学校教育法による高等学校又は中等教育学校において理科系統の正規の学科を修めて卒業し、その後15年以上建築工事の設計監理又は施工管理の実務に従事した経験を有すること。 (3) 建築士法第12条の一級建築士試験に合格したこと。 ロ　建築工事における安全衛生の実務に3年以上従事した経験を有すること又は厚生労働大臣の登録を受けた者が行う研修を修了したこと。 二　労働安全コンサルタント試験に合格した者で、その試験の区分が建築であるもの 三　その他厚生労働大臣が定める者

第89条第2号から第6号までに掲げる仕事及び第90条第1号から第5号までに掲げる仕事（同条第1号に掲げる仕事にあつてはダムの建設の仕事に、同条第2号、第2号の2及び第3号に掲げる仕事にあっては建設の仕事に限る。）	一　次のイからハまでのいずれにも該当する者 イ　次のいずれかに該当すること。 (1) 学校教育法による大学又は高等専門学校において理科系統の正規の課程を修めて卒業し、その後10年以上土木工事の設計監理又は施工管理の実務に従事した経験を有すること。 (2) 学校教育法による高等学校又は中等教育学校において理科系統の正規の学科を修めて卒業し、その後15年以上土木工事の設計監理又は施工管理の実務に従事した経験を有すること。 (3) 技術士法第4条第1項に規定する第二次試験で建設部門に係るものに合格したこと。 (4) 建設業法施行令第27条の3に規定する一級土木施工管理技術検定に合格したこと。 ロ　次に掲げる仕事の区分に応じ、それぞれに掲げる仕事の設計管理又は施工管理の実務に3年以上従事した経験を有すること。 (1) 第89条第2号の仕事及び第90条第1号の仕事のうちダムの建設の仕事　ダムの建設の仕事 (2) 第89条第3号の仕事並びに第90条第2号及び第2号の2の仕事のうち建設の仕事　橋梁（りょう）の建設の仕事 (3) 第89条第4号及び第5号の仕事並びに第90条第3号の仕事のうち建設の仕事　ずい道等の建設の仕事 (4) 第89条第6号及び第90条第5号の仕事　圧気工法による作業を行う仕事 (5) 第90条第4号の仕事　地山の掘削の作業を行う仕事 ハ　建設工事における安全衛生の実務に3年以上従事した経験を有すること又は厚生労働大臣の登録を受けた者が行う研修を修了したこと。 二　労働安全コンサルタント試験に合格した者で、その試験の区分が土木であるもの 三　その他厚生労働大臣が定める者

救護のための措置

(1) 対象となる工事等

建設工事のうち、災害発生時に労働者を救護することが困難なものがあります。そのような工事においては、爆発、火災等が生じたことに伴い労働者の救護に関する措置がとられる場合における二次災害（労働災害）の発生を防止するため、一定の措置を講じなければなりません。労働安全衛生法では、次の工事を指定しています（安衛法第25条の2第1項、安衛令第9条の2）。

① **ずい道等の建設の仕事で、出入口からの距離が1,000メートル以上の場所において作業を行うこととなるもの及び深さが50メートル以上となるたて坑（通路として用いられるものに限る。）の掘削を伴うもの**

② **圧気工法による作業を行う仕事で、ゲージ圧力0.1メガパスカル以上で行うこととなるもの**

これらに共通しているのは、火災等の災害が発生した場合に、切羽等にいる労働者の救護が困難だということです。①は救護すべき場所が地上から離れています。②は救護者が中に入るのに時間がかかるとともに、出てくるのにも時間がかかります。急激な減圧をする場合には再圧室の用意をしておかなければなりません。被災者のみならず、救護に入った労働者が被災することを防ぐ必要があるわけです。

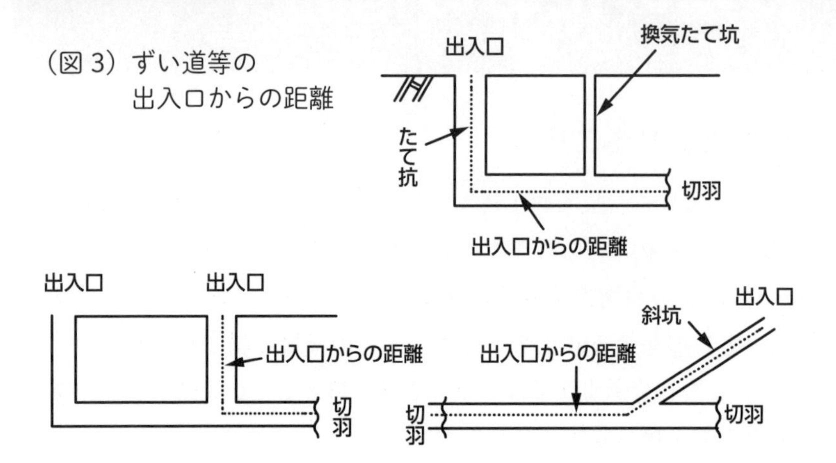

（図 3）ずい道等の出入口からの距離

（2）資格者の配置

（1）の①又は②の仕事を行う事業者は、厚生労働省令で定める資格を有する者のうちから、厚生労働省令で定めるところにより、同項各号の措置のうち技術的事項を管理する者を選任し、その者に当該技術的事項を管理させなければなしません（安衛法第 25 条の 2 第 1 項、安衛則第 24 条の 7、第 24 条の 8）。

仕事の区分	救護に関する技術的事項を管理する者の選任時期	救護に関する技術的事項を管理する者の資格
ずい道等の建設の仕事で、出入口からの距離が 1,000 メートル以上の場所において作業を行うこととなるもの及び深さが 50 メートル以上となるたて坑（通路として用いられるものに限る。）の掘削を伴うもの	出入口からの距離が 1,000 メートル以上の場所において作業を行うこととなる時又はたて坑（通路として用いられるものに限る。）の深さが 50 メートルとなる時	3 年以上ずい道等の建設の仕事に従事した経験を有する者であって、厚生労働大臣の定める研修を修了したもの
圧気工法による作業を行う仕事で、ゲージ圧力 0.1 メガパスカル以上で行うこととなるもの	ゲージ圧力が 0.1 メガパスカル以上の圧気工法による作業を行うこととなる時	3 年以上圧気工法による作業を行う仕事に従事した経験を有する者であって、厚生労働大臣の定める研修を修了したもの

なお、事業者は、救護に関する技術的事項を管理する者に対し、労働者の救護の安全に関し必要な措置をなし得る権限を与えなければなりません（安衛則第24条の9）。

(3) 講ずべき措置

講ずべき措置は、次のものです。

① 労働者の救護に関し必要な機械等の備付け及び管理を行うこと（安衛法第25条の2第1項）。

この機械等は、次のものです（安衛則第24条の3第1項）。

一　空気呼吸器又は酸素呼吸器（空気呼吸器等）

二　メタン、硫化水素、一酸化炭素及び酸素の濃度を測定するため必要な測定器具（メタン又は硫化水素が発生するおそれのないときは、メタン又は硫化水素に係る測定器具については、必要ありません。）

三　懐中電燈等の携帯用照明器具

四　前3号に掲げるもののほか、労働者の救護に関し必要な機械等

これらの機械の備付けは、（2）の有資格者を選任すべき時期までに備え付けなければなりません（安衛則第24条の3第2項）。

また、これらの機械等については、常時有効に保持するとともに、空気呼吸器等については、常時清潔に保持しなければなりません（同条第3項）。

**②　労働者の救護に関し必要な事項についての訓練を行うこと（安衛法第25条の2第1項）。
訓練の内容は、次の事項です
（安衛則第24条の4第1項）。**

一　①〔第24条の3第1項〕の機械等の使用方法に関すること。

二　救急そ生の方法その他の救急処置に関すること。

三　前2号に掲げるもののほか、安全な救護の方法に関すること。

この訓練は、（2）の有資格者を選任すべき時期までに1回、及びその後1年以内ごとに1回行わなければなりません（安衛則第24条の4第2項）。

また、その訓練を行った都度、次の事項を記録し、これを3年間保存しなければなりません（同条第3項）。記録は、紙ベースのものはもちろん、電子データでもさしつかえありません。ただし、労働基準監督署の立入調査を受けた際に求められた場合には、直ちに画面で表示し、プリントアウトできるようになっていなければなりません。

一　実施年月日

二　訓練を受けた者の氏名

三　訓練の内容

---

③　①と②に掲げるもののほか、爆発、火災等に備えて、労働者の救護に関し必要な事項を行うこと。

ア　救護の安全に関する規程

（2）の資格者を選任すべきときまでに、救護の安全に関する規程を定めなければなりません（安衛則第24条の5）。この規程には、次の事項が定められていなければなりません。

一　救護に関する組織に関すること。

二　救護に関し必要な機械等の点検及び整備に関すること。

三　救護に関する訓練の実施に関すること。

四　前３号に掲げるもののほか、救護の安全に関すること。

この「救護の安全に関すること」とは、救護の安全に関し必要な一般的事項をいうものである（昭和 55.11.25 基発第 648 号）とされています。

なお、これらの訓練の出席者名簿には、各自が自筆で書くようにすべきでしょう。

イ　人員の確認

ずい道等の内部又は高圧室内において作業を行う労働者の人数及び氏名を常時確認することができる措置を講じなければなりません（安衛則第 24 条の 6）。

その実施時期は、(2) の有資格者を選任すべき時期までに実施しなければなりません（同条）。

今日、これらの工事現場ではその内部に入る入口部分に、作業者の氏名を書いた名札を備え付け、入るときに裏返し、出るときに元に戻すようにしているのが一般的です。外来者についても「外来者」の名札を設けています。これによって、今、誰と誰が内部に入っているかわかるわけです。

労働安全衛生マネジメントシステム

(1) ISO45001等

平成30年(2018年)3月、国際標準化機構(ISO)から「ISO45001」(労働安全衛生マネジメントシステム)が発行されました。これに伴い、その日本語版である「JIS45001」が日本工業規格から発行されました。労働災害をゼロにするための取組に関するものです。

実は、平成11年(1999年)に労働省(当時)から「労働安全衛生マネジメントシステムに関する指針」が公表され、平成18年(2006年)に改正されました。また、これの建設業バージョンである「建設業労働安全衛生マネジメントシステム(略称COSHMS(コスモス))」が建設業労働災害防止協会から平成11年に公表され、その後2度改正されています。

これは、工事現場単位ではなく店社単位での取組事項になりますが、労働災害撲滅のための取組として重視されています。

建設工事現場においても、店社からの指示の下、これらに対する取組が必要になっています。

(2) 災害ゼロよりリスクゼロ

工事現場や店社での年間目標に「災害ゼロ」を掲げているところがあります。もちろん、労働災害はあってはならないし、ひとたび発生すると金銭的にも精神的にも大きな負担となります。

とはいえ、年間目標などですと、年度当初に休業災害が発生すると向こう1年間は「目標達成不可能」で過ごすことになり、やる気が落ちてしまいます。

休業災害が散発しているような店社では、「災害ゼロ」よりも「危険ゼロ」とか「リスクゼロ」を目標にすることも検討していただきたいものです。そうすれば、多少の休業災害が起きたとしても「まだリスクが残っていた。」とか「まだ危険が残っていた。」、ではそれらをつぶしていきましょう、ということで安全衛生管理活動が継続できると思います。

災害ゼロは、それらの結果として達成されるのです。

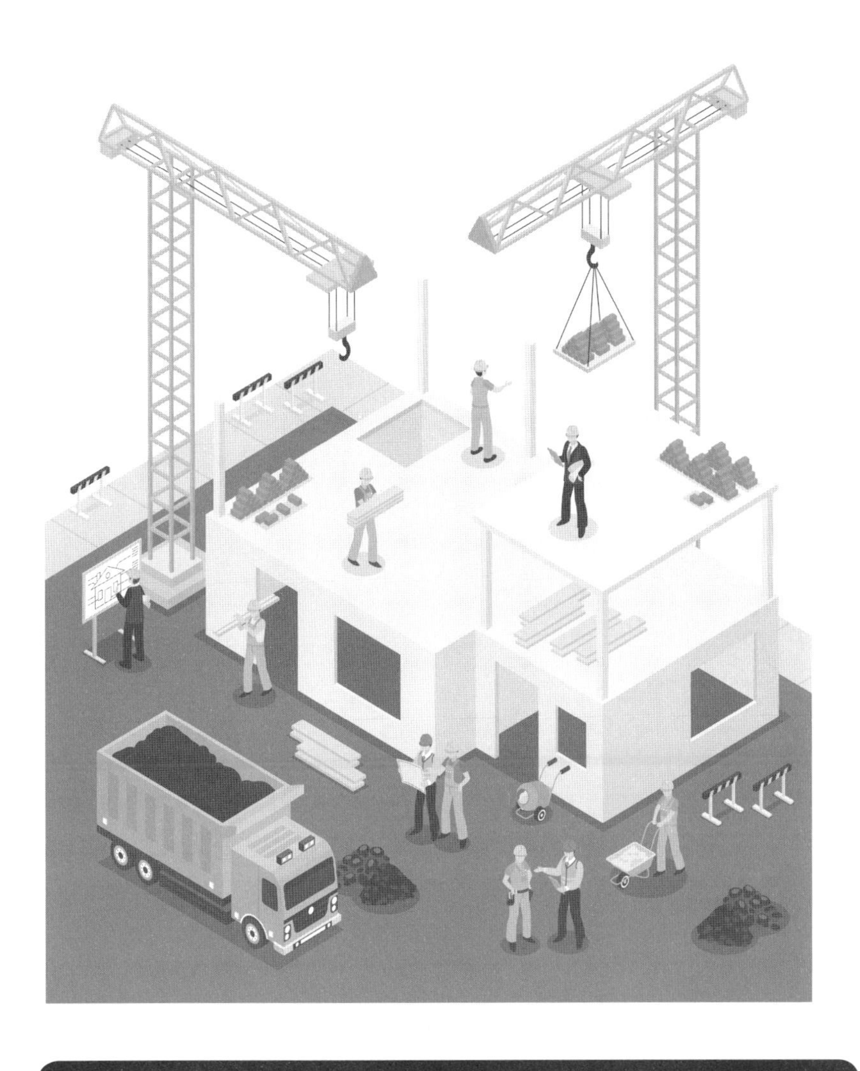

第3章

協力会社の責務

概説

協力会社も労働安全衛生法上の責務を負っています。それには、一般的な事業者として行うべき事項と、特定元方事業者から仕事を請け負っている協力会社として行うべき事項とがあります。

労働安全衛生法では、事業者に対して多くの義務を課しています。協力会社も「事業を行う者で労働者を使用するもの」（安衛法第2条第3号）ですから、事業者責任に該当する事項を実施しなければなりません。ただし、労働者を使用していない一人親方は、事業者に該当しませんので労働安全衛生法の適用は一部を除いて受けませんが、その請負契約に基づき特定元方事業者からの指示には従わなければなりません。

実は、労働災害等が発生した場合、労働基準監督署が調査を行うとき、特定元方事業者の法違反の有無と協力会社の法違反の有無を調べるのですが、圧倒的に後者だけの違反が多いのが実状です。法律上やらなければならない事項がそれだけ多いからといえます。

一方、特定元方事業者には、法令違反を防ぐための指導と、法令違反が認められた場合の是正指示の義務が課せられています（安衛法第29条第1項、第2項）。ですから、それらの指示に協力会社は従わなければなりません（同条第3項）。特定元方事業者としては、特定元方事業者として守らなければならない事項と、協力会社が守らなければならない事項の両方を知っていなければならないわけです。

なお、協力会社は、特定元方事業者からの是正等の指示がないからといって法違反を放置していると、労働基準監督署から是正勧告書等の交付を受け、あるいは労働災害発生時等には検挙されることがありますから、指摘を待つのではなく自主的に違反を解消する措置を講じなければなりません。

一般的な事業者として行うべき事項

労働安全衛生法において、事業者が行うべき事項は多岐に及んでいます。 建設業に限定した事項というのはなく、どの業種であっても実施すべき事項があります。

また、工事の種類、作業に応じて実施すべき事項があります。特に次の事項に留意する必要があります

① 雇入れ時の安全衛生教育（作業変更時、配置替え時も）

② 雇入れ時の健康診断（特殊健康診断を含む。）と定期健康診断

③ 資格の確認と必要な資格を取得させること。

資格には、免許、技能講習と特別教育があります。特別教育を自社で行う場合を除き、受講費等の費用がかかります。

④ 資格者の配置

免許、技能講習あるいは特別教育が必要とされている作業については、それぞれの有資格者を配置し、無資格就労をしないようにする必要があります。また、作業によっては、作業主任者を配置しなければならないことがあります。

⑤ 機械器具その他の設備による危険防止

⑥ 作業ごとにその作業に関わる災害防止のため必要な措置を講じること。

⑦ 労働者に使用させる機械等について、作業開始時の点検、定期自主検査等を行わせ、必要な補修等を行うこと。

⑧　有害物を取り扱う作業について、職業性疾病防止のために講ずべき措置を講じること。有機溶剤、特定化学物質や石綿等が典型です。粉じん作業も該当します。

⑨　その他労働災害防止のため必要な措置

墜落・転落災害、重機災害、交通労働災害その他の災害防止のための措置を講じなければなりません。

⑩　記録の作成・保存

定期健康診断、作業の記録、定期自主検査の記録等、一定の記録を作成・保存すべきことが労働安全衛生法で定められています。

中でも、一定の特定化学物質、石綿と放射線に関する記録は、30年又は40年の保管が義務付けられています。

⑪　労働者死傷病報告の提出

労働者が「労働災害その他就業中又は事業場内若しくはその附属建設物内における負傷、窒息又は急性中毒により死亡し、又は休業したときは、遅滞なく、労働安全衛生規則様式第23号（労働者死傷病報告）による報告書を所轄労働基準監督署長に提出しなければなりません（安衛則第97条第1項)。休業が1日～3日の場合には、同様式第24号により四半期ごとに提出します。

⑫　事故報告書の提出

クレーンの倒壊その他一定の事故については、人災がない場合であっても所轄労働基準監督署長に事故報告書（安衛則様式第22号）を遅滞なく提出しなければなりません。

コラム

資格取得の費用は誰が負担するか？

免許にしろ技能講習にしろ、取得するためには費用がかかります。業務で必要ですから会社負担とすべきなのですが、取得した資格は労働者個人に付きます。資格を取ったとたんに辞められたのでは、会社の費用負担は無駄になります。

筆者が行政にいたころ、ある中小企業に無資格就労についての違反指摘をし、改善を求めたところ社長は、「うちみたいな会社は、資格を取ったとたんに辞めてよそへ行ってしまう。」とこぼしました。「そんな会社に誰がした。」といっても始まりません。

「資格取得の費用は会社からの貸付とする。ただし、一定年数(最長3年程度)勤務した場合には、返還には及ばない。」といった形にすれば、労働基準監督署としては「当事者同士の話し合いで法的な問題はない。」というスタンスです。

協力会社として行うべき事項

①　必要書類の提出

作業員名簿を始め、必要な書類を特定元方事業者に提出します。全建統一様式を用いることになっています。

②　職長・安全衛生責任者

一定規模の工事現場においては、職長・安全衛生責任者教育を修了した者の中から安全衛生責任者を選任し、特定元方事業者にその旨報告しなければなりません。

③　災害防止協議会への出席

一般的に、「災害防止協議会」を単独で開催することは少なく、毎日、あるいは毎週の打ち合わせ会議の一つを「災防協」を兼ねて実施しています。出席した際には、出席者名簿に署名します。

④　職長会への参加

工事現場には、工事の規模にかかわらず協力会社の安全衛生責任者で組織する職長会があるのが一般的です。現場内での安全衛生教育を始め、現場内の独自ルールの策定をしたり、現場パトロールを実施したりしています。また、現場に設置された飲料等の自動販売機を管理して職長会の資金にしたりしています。

職長会に参加することで、元方事業者任せでない安全衛生管理を進めることができます。

⑤　新規入場時教育等

建設工事現場では、新たにその現場に入場する労働者に対し、新規入場時教育を行うのが一般的です。当該現場における工事の概要、特殊性、現場内のルール等について教育します。職長会が担当し、特定元方事業者が場所の提供等の便宜を図ることが多いようです。

最近では、送り出し教育といって、新規入場時教育の前に協力会社として事前教育を行うように求める特定元方事業者が増えています。

⑥　防護措置の変更等の際の連絡等

作業の必要上足場の手すりを外す場合が典型ですが、現場内の各種の防護設備を作業の必要により変更する場合、特定元方事業者に無断でやってはいけません。

他の協力会社の作業との関連がありますから、必ず特定元方事業者に連絡をしてその許可を受ける必要があります。

また、作業終了時には必ず元に戻し、そのことを特定元方事業者に確認してもらう必要があります。

⑦　再下請の制限

さらに下の会社に工事の全部又は一部を請け負わせる場合、あらかじめ仕事の注文者と特定元方事業者に連絡をしなければなりません。全部を請け負わせる場合には、文書による承諾が必要です。

コラム

出席者は必ずサインする

工程の打ち合わせ会議、災害防止協議会はもとより、新規入場時教育やその日の作業指示書に至るまで、工事現場ではサインが求められる場面が増えています。

サインとは、ボールペン等で自分の名前を書くことです。これは、災害発生や施工ミス等が発生した場合など、何か起きたときのための特定元方事業者にとっての一種の保険です。

事故や災害が発生したとき、被災者や機械等のオペレーターは、「そんなことは聞いていない。」「そんな教育を受けたことはない。」と主張することが少なくありません。

そのようなとき、直筆の署名があれば、「うっかり忘れていた。」か「無視していた。」かのどちらかになります。会議に出ていなかったといったいいわけは通用しません。

これがパソコンなどで記名した出席者名簿にチェックを入れるだけだと、「元請が偽造した。」といわれる可能性があるのですが、サインでは偽造はできないわけです。

偽装請負について

第2章の元方事業者等の責務　1. 元方事業者の講ずべき措置等(2) 違反防止のための指示において、元方事業者は請負人（協力会社）の違反防止のための指示をしなければならないと説明しました。

ところが、この点を誤解し、協力会社の作業員に対し、直接作業の指示をする元請の社員を見かけます。これは大問題です。

というのは、元請は、当該建設工事について直接契約を交わしているのは一次下請のみです。二次以下の下請は、元請と直接契約をしていません。

労働者派遣法では、労働者は契約の下で、別の企業の労働者である派遣労働者に対し、派遣先企業（の労働者）が直接指示命令をすることができることと定められています。

逆にいうと、元請の現場所長や社員等が、二次以下の下請の労働者に直接作業の指示をすると、労働者派遣になってしまいます。これが、請負を装っている、しかし実態は労働者派遣である、という意味で偽装請負と呼ばれているものです。

コラム

偽装請負とは？

言葉は知っているけど、内容を正確に説明できないもののひとつに偽装請負があります。

建設工事現場においては、原則として労働者派遣は認められません（労働者派遣法第4条）。

労働者派遣とは、「自己の雇用する労働者を、当該雇用関係の下に、かつ、他人の指揮命令を受けて、当該他人のために労働に従事させることをいい、当該他人に対し当該労働者を当該他人に雇用させることを約してするものを含まないものとする。」（同法第2条第1号）と定められています。

一方、請負とは、「請負は、当事者の一方がある仕事を完成することを約し、相手方がその仕事の結果に対してその報酬を支払うことを約することによって、その効力を生ずる。」（民法第632条）ものです。

労働者派遣法のポイントは、「他人の指揮命令を受けて、当該他人のために労働に従事させること。」です。この「他人」を「元請」と置き換えるとわかりやすいでしょう。つまり、元請の社員等が協力会社の労働者に直接作業の指示をすると、請負ではなく労働者派遣に該当することになり、請負を装っているという意味で偽装請負と認定されることになります。

労働者派遣法第45条第3項では、「労働者がその事業における派遣就業のために派遣されている派遣先の事業に関しては、当該派遣先の事業を行う者を当該派遣中の労働者を使用する事業者と、当該派遣中の労働者を当該派遣先の事業を行う者に使用される労働者とみなして」労働安全衛生法の一定の条文を適用すると定めています。

これに基づき、労働災害等が発生した場合において労働基準監督署が偽装請負＝労働者派遣と認定すると、「派遣先の事業を行う者」すなわち元請を処罰の対象として検挙することになるのです。

ここで注意が必要なのは、労働安全衛生法第29条第1項において、「元方事業者は、関係請負人及び関係請負人の労働者が、当該仕事に関し、この法律又はこれに基づく命令の規定に違反しないよう必要な指導を行なわなければならない。」と定めていることです。

さらに、同条第２項では、「元方事業者は、関係請負人又は関係請負人の労働者が、当該仕事に関し、この法律又はこれに基づく命令の規定に違反していると認めるときは、是正のため必要な指示を行なわなければならない。」と定めています。

これを受けて同条第３項は、「前項の指示を受けた関係請負人又はその労働者は、当該指示に従わなければならない。」と定めています。

法令違反を是正させるための元請の指示が、具体的な工事における作業指示になってしまうと偽装請負と認定されます。その指示の範囲と中身に注意が必要です。

なお、労働者派遣と認定されるに当たっては、当該契約が労働者派遣契約であるかどうかに関係なく、前述の労働者派遣の実態、すなわち「元請の社員等が協力会社の作業者等に直接作業を指示したかどうか」が問われることになります。

来週 労基署の
立入りがあります
主任
所長
来るとわかっているのだから
違反がないようにな
わかりました
○△社　職長
当日
きちんと
片付いていますね
溶剤庫
火気厳禁
ほっ
労働基準監督官
あれ？
…封が切れてる？
…カラ、ですね
危険物保管庫に
消火設備が
ないのは違反です
違反防止の指導を
していなかった
元請さんも
違反です
是正勧告書ですか…
違反が無いように
言っておいたろ!!!

コラム

労災保険豆知識3

労働安全衛生法違反と労災保険の求償

超高層ビル建築工事現場において、乗り入れ構台の組立作業で墜落災害が発生し、20代の作業員が死亡しました。作業員は全員ヘルメットをかぶり、墜落制止用器具（以前の安全帯）を装着していましたが、墜落制止用器具の取付け設備が設けられておらず、その協力会社だけの違反として検察庁に送検されました。

その後、「法令違反を原因とする労働災害」ということで、都道府県労働局長から当該協力会社に対して求償（一種の弁償）として数百万円の請求書が届きました。

2年後、それが払えないということで事業主は夜逃げしました。平成の初めのころの出来事でした。

第4章

「元方事業者による建設現場安全管理指針」に基づく管理

概説

厚生労働省は、平成7年（1995年）4月21日付け基発第267号の2「元方事業者による建設現場安全管理指針について」という通達で、統括管理について法規制以外の事項を示しています。

この「元方事業者による建設現場安全管理指針」（以下「指針」といいます。）について、よく理解しておく必要がありますので、以後これに沿って解説をします。

この通達は、厚生労働省労働基準局長から都道府県労働局長にあてて出されていますが、併せて業界の4団体にも発出されています。それは、（社）全国建設業協会、（社）日本建設業団体連合会、（社）日本土木工業協会と（社）建築業協会の長あてです。

なお、以下の二重枠 □ で囲った部分は「指針」の内容です。

建設業における労働災害を防止するためには、建設現場を総括管理する元方事業者が実施する安全衛生管理の水準の向上が重要である。

このため、労働省（注＝当時。以下同じ。）内に「元請による建設現場安全管理手法検討委員会」を設置し、建設現場の安全管理の具体的手法について検討してきたが、今般、その検討結果の報告を踏まえ、別添1のとおり「元方事業者による建設現場安全管理指針」をとりまとめた。

ついては、関係事業者において、本指針に基づく実効ある安全管理が実施されるよう、あらゆる機会をとらえて周知徹底に努められたい。

なお、本指針の内容は、建設現場で実際に行われている安全管理の好事例からとりまとめられたものであり、特に中小建設業者において中長期的な取組みが必要とされる事項が含まれていることに留意の上、関係事業者の自主的な取組みがなされるよう指導に努められたい。

ここで、「あらゆる機会をとらえて周知徹底に努められたい。」としているのは、都道府県労働局長に対しての指示です。と同時に、前述したとおり業界4団体にも要請をしています。労働基準行政のみならず、業界全体としての取組が求められています。

第1 趣旨

> 本指針は、建設現場等において元方事業者が実施することが望ましい安全管理の具体的手法を示すことにより、建設現場の安全管理水準の向上を促進し、建設業における労働災害の防止を図るためのものである。なお、建設現場の安全管理は、元方事業者及び関係請負人が一体となって進めることによりその水準の一層の向上が期待できることから、本指針においては、元方事業者が実施する安全管理の手法とともに、これに対応して関係請負人が実施することが望ましい事項も併せて示している。

通達を出すに至った背景

この通達を出すに至った背景として、通達本文では次のように述べています。

建設業における労働災害を防止するためには、建設現場を統括管理する元方事業者が実施する安全衛生管理の水準の向上が重要です。

このため、労働省内に「元請による建設現場安全管理手法検討委員会」を設置し、建設現場の安全管理の具体的手法について検討してきましたが、先般、その検討結果が報告されたところであり、労働省においては、この報告を踏まえて、この「元方事業者による建設現場安全管理指針」をとりまとめました。

つきましては、宛先である各協会におかれましても、傘下の事業者に対し、本指針の周知徹底を図るとともに、特に中小建設業者の建設現場において本指針に基づく実効ある安全管理が普及していくよう計画的な取組み等について必要な指導、援助に努められたく要請します。

第2
建設現場における安全管理

安全衛生管理計画の作成

1. 安全衛生管理計画の作成

元方事業者は、建設現場における安全衛生管理の基本方針、安全衛生の目標、労働災害防止対策の重点事項等を内容とする安全衛生管理計画を作成すること。

なお、この場合において、元方事業者が共同企業体である場合には、共同企業体のすべての構成事業者からなる委員会等で審査する等により連携して、これを作成すること。

工事の開始に先立ち、元方事業者は安全衛生管理計画を作成しなければなりません。これは、前述した労働安全衛生法第88条に基づく計画届と重なる部分はありますが、工事全体の施工計画を届け出る場合を除き、全体の計画とそれに伴う安全衛生管理計画を作成しなければなりません。

なぜなら、あらかじめ計画をしておかなければ、場当たり的になってしまい、適切な安全衛生管理を進めることは不可能だからです。

共同企業体の場合には、スポンサーとサブの企業に分かれ、どうしてもスポンサー企業が悪くいえば勝手に計画を作成することが生じます。その反面、安全衛生管理はサブの仕事として関心を持たないスポンサーもいます。

一致協力して安全衛生管理計画を策定することが望ましいものです。

コラム

労災保険料のメリット制の割り戻し

単独有期工事の場合、労災保険料のメリット制が適用されます。その工事全体として労働災害が少ないと、保険料が割引となり、工事終了時に特定元方事業者の請求により還付されるのです。

地方の地場店社と大手ゼネコンとで共同企業体を組むのは、地方自治体が発注する工事などではよくある形態です。その場合、保険料計算にたけた大手ゼネコンが労災保険料の還付金をすべて持っていくことがままあるそうです。

普通は、JV の出資比率で分配するのでしょうが。

なお、地場店社などで単独有期工事がほとんどない場合であっても、年間の工事額が一定規模以上ある場合には、店社としてメリット制の適用を受けることができます。ただし、災害が多いと保険料が加算されることにもなります。

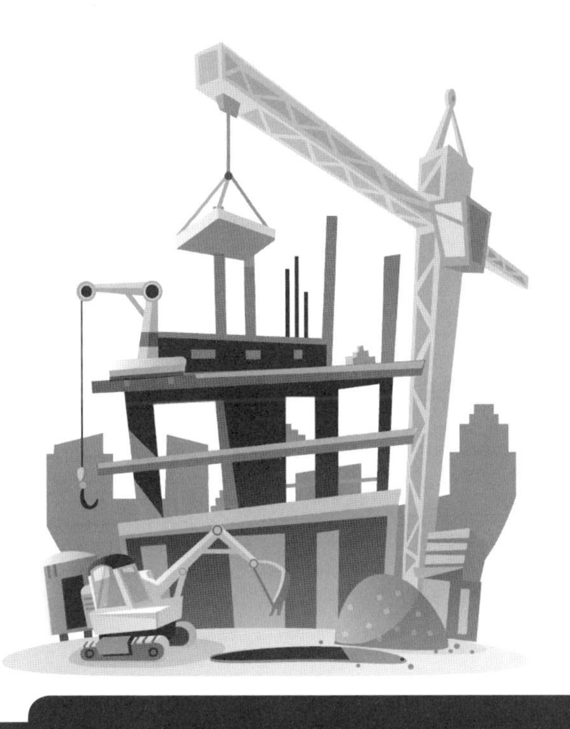

過度の重層請負の改善

2. 過度の重層請負の改善

元方事業者は、作業間の連絡調整が適切に行われにくいこと、元方事業者による関係請負人の安全衛生指導が適切に行われにくいこと、後次の関係請負人において労働災害を防止するための経費が確保されにくくなること等の、労働災害防止問題を生じやすい過度の重層請負の改善を図るため、次の事項を遵守するとともに、関係請負人に対しても当該事項の遵守について指導すること。

［1］ 労働災害を防止するための事業者責任を遂行することのできない単純労働の労務提供のみを行う事業者等にその仕事の一部を請け負わせないこと。

［2］ 仕事の全部を一括して請け負わせないこと。

建設工事現場における統括管理上最も問題となるのは、この重層請負でしょう。ときに、元方事業者に内緒でさらに下請を使う例も見かけられ、死亡災害などを契機に発覚することがままあります。加えて、末端の下請が一人親方だと、災害に対する労災保険給付すら被災者が受けられないことにもつながります。

指針の［1］にいう「単純労働の労務提供のみを行う事業者等」とは、まさに一人親方を指しています。さらには、単に労働者を寄宿舎に寝泊まりさせ、現場に必要人数を送り込むだけという業者もこれに該当します。

これらの業者は、安全衛生管理のノウハウに欠ける場合がままあるだけでなく、社会保険料の事業主負担をしないで済ませるため、社会保険（健康保険と厚生年金）に加入していないことが多いものです。

コラム

健康保険法の改正と特別加入していない事業主

平成25年（2013年）の健康保険法改正により、中小企業の事業主等であって、労働者と同じような作業をしていた場合に被災したとき、労災保険からの給付がない場合には健康保険から給付されることとされました。

健康保険も労災保険もどちらも該当無しとなることを防ごうとの趣旨での改正でした。それ以前に、定年退職後の方がシルバー人材センターでの業務に従事していて身体障害を負う災害に遭い、どちらからも支給されなかったことがきっかけでした。

労災保険には特別加入といって、経営者等であっても労災保険に加入する制度が設けられていますから、協力会社の役員等で現場作業に従事する方は活用していただくとよいでしょう。特に一人親方は国民健康保険にも加入していない場合がありますから、ご利用いただきたいものです。

特別加入した場合の労災保険料は、税法上全額が損金（必要経費）として認められることになっています。

なお、健康保険にも労災保険の特別加入もしていない場合には、被災しても何の補償も受けられないことになります。

請負契約における労働災害防止対策の実施者及びその経費の負担者の明確化等

3. 請負契約における労働災害防止対策の実施者及びその経費の負担者の明確化等

元方事業者は、請負人に示す見積条件に労働災害防止に関する事項を明示する等により、労働災害の防止に係る措置の範囲を明確にするとともに、請負契約において労働災害防止対策の実施者及びそれに要する経費の負担者を明確にすること。

また、元方事業者は、労働災害の防止に要する経費のうち請負人が負担する経費（施工上必要な経費と切り離し難いものを除き、労働災害防止対策を講ずるためのみに要する経費）については、請負契約書に添付する請負代金内訳書等に当該経費を明示すること。

さらに、元方事業者は、関係請負人に対しても、これについて指導すること。

なお、請負契約書、請負代金内訳書等において実施者、経費の負担者等を明示する労働災害防止対策の例には、次のようなものがある。

(1) 請負契約において実施者及び経費の負担者を明示する労働災害防止対策

[1] 労働者の墜落防止のための防網の設置

[2] 物体の飛来・落下による災害を防止するための防網の設置

[3] 安全帯（注＝墜落制止用器具）の取付け設備の設置

[4] 車両系建設機械を用いて作業を行う場合の接触防止のための誘導員の配置

[5] 関係請負人の店社に配置された安全衛生推進者等が実施する作業場所の巡視等

[6] 元方事業者が主催する安全大会等への参加

〔7〕 安全のための講習会等への参加

(2) 請負代金内訳書に明示する経費

〔1〕 関係請負人に、上記〔4〕の誘導員を配置させる場合の費用

〔2〕 関係請負人の店社に配置された安全衛生推進者等が作業場所の巡視等の現場管理を実施するための費用

〔3〕 元方事業者が主催する安全大会等に関係請負人が労働者を参加させるための費用

〔4〕 元方事業者が開催する関係請負人の労働者等の安全のための講習会等に関係請負人が労働者を参加させる場合の講習会参加費等の費用

安全衛生管理（労働災害防止対策）は、費用がかかります。仮設養生がその典型です。また、労働者に資格を取らせるためには外部講習機関が実施する技能講習を受講させるなどしなければなりませんし、健康管理のためには定期健康診断（一定の有害業務については６月ごとに特殊健康診断）を受診させなければなりません。

請負契約においては、これらの費用を誰がどの範囲で負担するかを明確にしておく必要があるということを示しています。誰がというのは、特定元方事業者か、協力業者のうちどこの会社かということです。費用の分担もあり得ます。

現在、国土交通省では、建設業従事者に対し、社会保険全加入を推

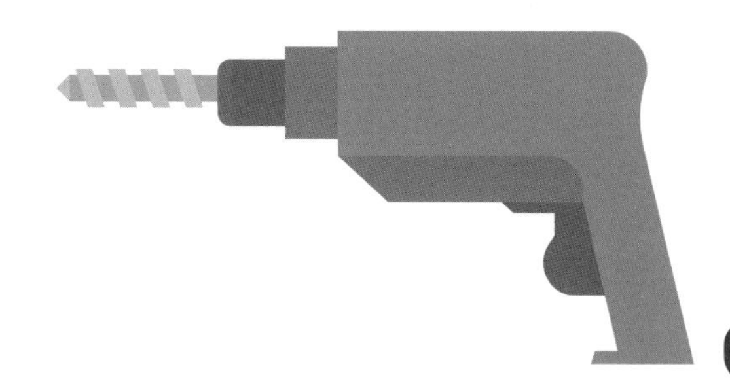

進しています。協力会社といえども、健康保険と厚生年金に加入していなければ工事には参加させないというものです。

その一環として、公共工事においては、これら社会保険料負担の内訳が明確になっていれば、請負金額の一部として認める方針を出しています。社会保険や年金に未加入の業者は、公共工事に参加できないこととなり、その対象となる工事は今後増えていくでしょう。

安全衛生管理に関する費用についても同様に、積算がきちんとしていれば、請負代金に含まれると国土交通省は示しています。

当然ながら、請負契約上特定元方事業者と協力会社のどちらが何をどこまで負担するのか明らかにしておくべきです。

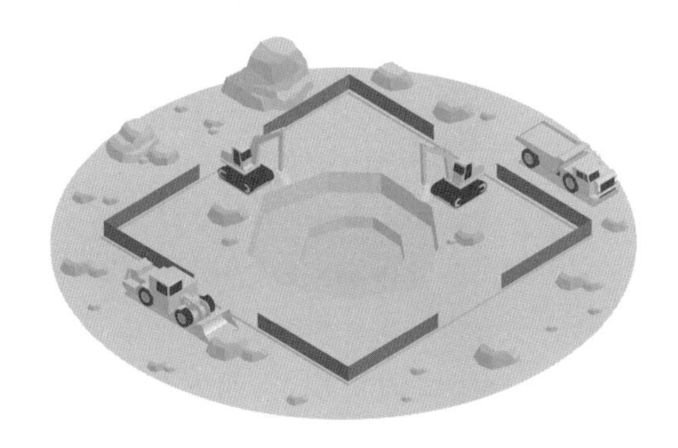

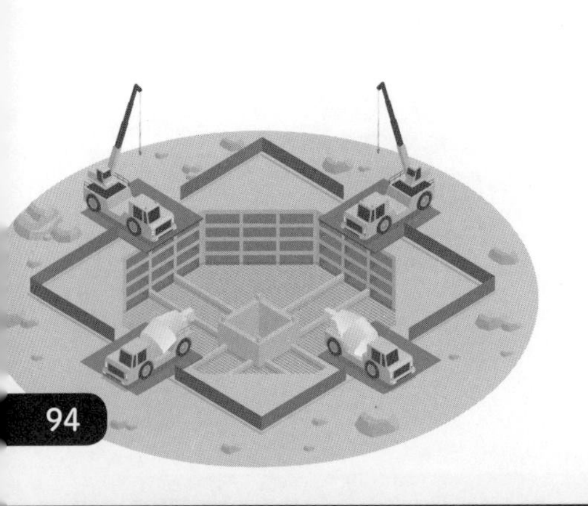

元方事業者による関係請負人及びその労働者の把握等

4. 元方事業者による関係請負人及びその労働者の把握等

(1) 関係請負人の把握

元方事業者は、関係請負人に対する安全衛生指導を適切に行うため、関係請負人に対し、請負契約の成立後速やかにその名称、請負内容、安全衛生責任者の氏名、安全衛生推進者の選任の有無及びその氏名を通知させ、これを把握しておくこと。

(2) 関係請負人の労働者の把握

元方事業者は、関係請負人に対し、毎作業日の作業を開始する前までに仕事に従事する労働者の数を通知させ、これを把握しておくこと。

また、元方事業者は、関係請負人に対し、その雇用する労働者の安全衛生に係る免許・資格の取得及び特別教育、職長教育の受講の有無等を把握するよう指導するとともに、新たに作業に従事することとなった関係請負人の労働者について、その者が当該建設現場で作業に従事する前までにこれらの事項を通知させ、これを把握しておくこと。

(3) 安全衛生責任者等の駐在状況の把握

元方事業者は、関係請負人が仕事を行う日の当該関係請負人の安全衛生責任者又はこれに準ずる者の駐在状況を朝礼時、作業間の連絡及び調整時等の機会に把握しておくこと。

(4) 持込機械設備の把握

元方事業者は、関係請負人に対し、関係請負人が建設現場に持ち込む建設機械等の機械設備について事前に通知させ、これを把握しておくとともに、定期自主検査、作業開始前点検等を徹底させること。

(1) 関係請負人の把握

関係請負人の把握は重要です。筆者の経験では、死亡災害等が発生し、被災者の雇い主にきくと「実は・・・」ということで、上の会社に内緒でさらに下請に出していた業者の労働者であったり、一人親方の末端業者であったということがありました。

一人親方だと、労働者ではない分、工事の施工に関して事業主としての裁量に任せてしまうことがあります。その結果、安全衛生管理が不十分になりがちとなります。建設工事の請負代金が下がるのは、社会保険や年金に加入していないこのような方々の下支えによるともいえます。

とはいえ、一人親方だとすると、労災保険に特別加入していない限り、工事現場で被災しても労災保険からの給付はありません。

(2) 関係請負人の労働者の把握

関係請負人の労働者が何人で、必要な資格者が充足されているかどうかの確認が重要です。

なぜなら、労働災害を防止するためには、免許、技能講習、あるいは作業主任者などの資格をもった労働者が、法令に基づいた作業を行なう必要があるからです。

また、労働災害が発生した場合に、これらの資格者が充足されておらず、無資格就労が確認されれば、労働基準監督署から検挙される可能性が高まるからです。

(3) 安全衛生責任者等の駐在状況の把握

一定の工事においては、協力会社はすべて安全衛生責任者を配置しなければなりません。安全衛生責任者に任命することができるのは、職長・安全衛生責任者養成講習を修了した者です。

そのような工事でない場合には、安全衛生責任者に準ずる方を置く必要があります。特定元方事業者との連絡役になるからです。

また、これらの方が、当該現場に駐在しているのか、ほとんどいないのか、特定元方事業者としては把握しておく必要があります。現場の安全衛生管理面で、特定元方事業者と協力会社との意思の疎通＝コミュニケーションが重要だからです。

(4) 持込機械設備の把握

電動機械器具は、手持ち式のものは充電式が主流となってきました。感電の危険がなく、電源コード類の引き回しの苦労やアース接続の手間がなく、さらに普及していくでしょう。

とはいえ、電動機械器具は災害発生の原因になりますし、エンジン式発電機から大型建設重機に至るまで、協力会社が工事現場に持ち込む機械設備については、特定元方事業者が把握に努めなければならないものです。

持ち込みを確認したときに、法令上の問題がないと確認した意味で当該元方事業者のシールを貼る例も良く見かけます。

しかし、他のゼネコンのシールを貼っただけの物もときに見かけますので、安全管理上の点検をしたかどうか疑わしいこともあります。少なくとも、特定元方事業者に内緒で機械設備を持ち込むことがないようにしてほしいものです。

作業手順書の作成

5. 作業手順書の作成

元方事業者は、関係請負人に対し、労働災害防止に配慮した作業手順書を作成するよう指導すること。

作業の種類ごとに作業手順書を作成し、これに従って作業を進めることは、労働災害防止と品質確保の面で有効です。

特定元方事業者としては、特に労働災害防止に配慮したものであるかどうかの確認が必要です。

なお、作業手順書は、一度作成すればその後の工事現場での使い回しもできるでしょうし、変更が必要な場合であっても多少の変更で済むことがあります。作業者の意見をとり入れつつ、よい作業手順書ができるようにしたいものです。

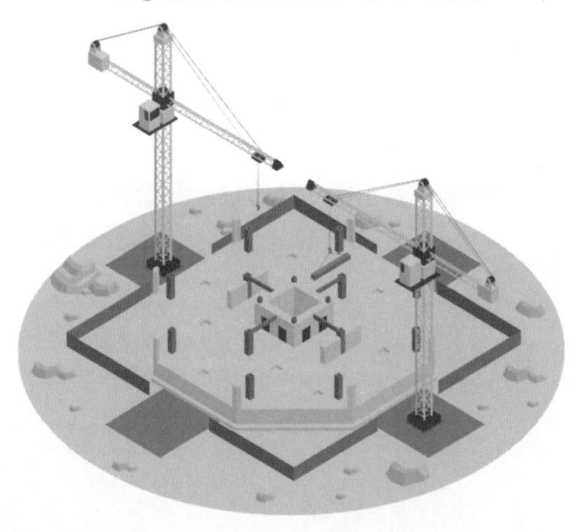

6. 協議組織の設置・運営

元方事業者が設置・運営する労働災害防止協議会等の協議組織については、次によりその活性化を図ること。

(1) 会議の開催頻度

元方事業者は、協議組織の会議を毎月１回以上開催すること。

(2) 協議組織の構成

元方事業者は、協議組織の構成員に、統括安全衛生責任者、元方安全衛生管理者又はこれらに準ずる者、元方事業者の現場職員、元方事業者の店社（共同企業体にあっては、これを構成するすべての事業者の店社）の店社安全衛生管理者又は工事施工・安全管理の責任者、安全衛生責任者又はこれに準ずる者、関係請負人の店社の工事施工・安全管理の責任者、経営幹部、安全衛生推進者等を入れること。

なお、元方事業者は、構成員のうちの店社の職員については、混在作業に伴う労働災害の防止上重要な工程に着手する時期、その他労働災害を防止する上で必要な時期に開催される協議組織の会議に参加させること。

(3) 協議事項

協議組織の会議において取り上げる議題については、次のようなものがあること。

［1］ 建設現場の安全衛生管理の基本方針、目標、その他基本的な労働災害防止対策を定めた計画
［2］ 月間又は週間の工程計画
［3］ 機械設備等の配置計画
［4］ 車両系建設機械を用いて作業を行う場合の作業方法
［5］ 移動式クレーンを用いて作業を行う場合の作業方法
［6］ 労働者の危険及び健康障害を防止するための基本対策

[7] 安全衛生に関する規程
[8] 安全衛生教育の実施計画
[9] クレーン等の運転についての合図の統一等
[10] 事故現場等の標識の統一等
[11] 有機溶剤等の容器の集積箇所の統一等
[12] 警報の統一等
[13] 避難等の訓練の実施方法等の統一等
[14] 労働災害の原因及び再発防止対策
[15] 労働基準監督官等からの指導に基づく労働者の危険の防止又は健康障害の防止に関する事項
[16] 元方事業者の巡視結果に基づく労働者の危険の防止又は健康障害の防止に関する事項
[17] その他労働者の危険又は健康障害の防止に関する事項

(4) 協議組織の規約

元方事業者は、協議組織の構成員、協議事項、協議組織の会議の開催頻度等を定めた協議組織の規約を作成すること。

(5) 協議組織の会議の議事の記録

元方事業者は、協議組織の会議の議事で重要なものに係る記録を作成するとともに、これを関係請負人に配布すること。

(6) 協議結果の周知

元方事業者は、協議組織の会議の結果で重要なものについては、朝礼等を通じてすべての現場労働者に周知すること。

ここでは、災防協の作り方とそのポイントが書かれています。これらに従って災防協が組織され、運営されるようにしてください。

ところで、災防協の運営には費用がかかります。出席者へのペットボトルのお茶にしろ、教育用 DVD の購入にしろ経費が必要です。

多くのゼネコンでは、協力会社が現場に入る前に、災防協に加入するよう促し、その会費を請負代金から天引きすることを承諾する旨の書面にサインさせているようです。もちろん、規約にその旨定めているものです。

繰り返しになりますが、労働基準監督署が現場に立入調査に入ったとき、ほぼ必ずこの災防協の議事録をチェックします。ポイントは、議事内容も当然ながら、開催回数が毎月１回以上であるか、すべての協力会社が参加しているかなどです。いつも欠席している協力会社があると、当該協力会社の責任者が労働基準監督署に呼び出されることもあります。

作業間の連絡及び調整

7. 作業間の連絡及び調整

元方事業者は、混在作業による労働災害を防止するため、混在作業を開始する前及び日々の安全施工サイクル活動時に次の事項について、混在作業に関連するすべての関係請負人の安全衛生責任者又はこれは準ずる者と十分連絡及び調整を実施すること。

［1］ 車両系建設機械を用いて作業を行う場合の作業計画
［2］ 移動式クレーンを用いて作業を行う場合の作業計画
［3］ 機械設備等の配置計画
［4］ 作業場所の巡視の結果
［5］ 作業の方法と具体的な労働災害防止対策

建設工事現場では、前述したように混在作業における労働災害防止対策が重要です。

ここでは、特定元方事業者が毎日の安全施工サイクル活動を行なう場合において、実施すべき事項を定めています。

混在する複数の事業者（協力会社）が、他の事業者が行う作業について実施予定を理解し、その日その日の立入禁止区域には自社の作業者を立ち入らせないなどの対応をきちんと行う必要があるわけです。

また、作業の進捗状況により、後工程の協力会社の作業に支障が出ますから、その点の連絡調整も必要です。作業が遅れていることを知らないで自社の作業を進めたがために大きな災害が発生している例も見かけます。

作業場所の巡視

8. 作業場所の巡視

元方事業者は、統括安全衛生責任者及び元方安全衛生管理者又はこれらに準ずる者に、毎作業日に１回以上作業場所の巡視を実施させること。

法令上、特定元方事業者は、毎日１回以上の作業場所巡視が義務付けられています。ここでは、それを上げています。

統責者は現場所長であることが多く、必ずしも毎日の巡視を行うことが難しい場合があります。その場合には、元方安全衛生管理者に巡視をさせなければなりません。

また、統責者等の選任を要しない規模の工事現場では、これらに準ずる方による巡視が必要です。現場所長又はその代理者に行わせることになります。

なお、ここでは「作業場所の巡視を実施させること」と定めているだけですが、巡視した結果、法令違反の状況が認められた場合などに必要な是正を指示してその結果を確認すべきことは、前述の労働安全衛生法に定められているとおりです。見て回っただけでは終わりませんので、注意が必要です。

新規入場者教育

> **9. 新規入場者教育**
>
> 　元方事業者は、関係請負人に対し、その労働者のうち、新たに作業を行うこととなった者に対する新規入場者教育の適切な実施に必要な場所、資料の提供等の援助を行うとともに、当該教育の実施状況について報告させ、これを把握しておくこと。

年齢と経験年数を問わず、新たにその現場で作業を行うようになった労働者が、新規入場後7日以内に被災した例が、建設工事現場における死傷災害の4割前後を占めています。

　その場所の状況に慣れるまでにそのくらいの日数が必要だということでしょうか。逆にいえば、最初の1週間を無事に過ごすことができれば、4割ほどの災害を防ぐことができるわけです。

　このことから、多くの建設工事現場では、新規入場者に対する教育を実施しています。職長会が主催することが多く、特定元方事業者としては、教育を実施する場所、資料の提供等の援助をしなければなりません。

　このことは、新規入場者教育は特定元方事業者の義務ではないということでもあります。一般的には職長会などが主催し、特定元方事業者が資料の提供や場合によっては講師を分担するなどしているようです。

　教育実施記録の写しを、特定元方事業者に提出します。参加者には出席者名簿に自筆でサインさせます。

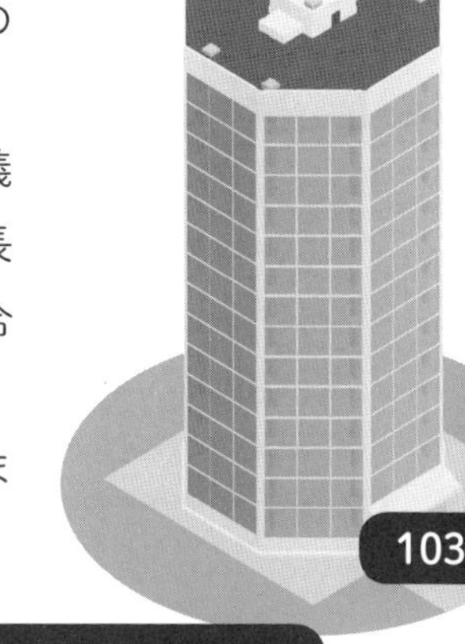

新たに作業を行う関係請負人に対する措置

10. 新たに作業を行う関係請負人に対する措置

元方事業者は、新たに作業を行うこととなった関係請負人に対し、当該作業開始前に当該関係請負人が作業を開始することとなった日以前の協議組織の会議内容及び作業間の連絡調整の結果のうち当該関係請負人に係る事項を周知すること。

工事の途中から参加することになった関係請負人（協力会社）は、いきなりすぐその日から作業を行なうのはなかなか大変です。そのため、元方事業者としてこれまでの安全衛生に関する取組状況や、現在の工事の進捗状況その他、工事に取りかかる前に知っておくべきことなどを知らせておく必要があります。

作業開始前の安全衛生打合せ

11. 作業開始前の安全衛生打合せ

元方事業者は、関係請負人に対し、毎日、その労働者を集め、作業開始前の安全衛生打合せを実施するよう指導すること。

工事現場は日々変わっていきます。そのため、元方事業者は、毎日の作業開始前（一般的には朝礼など）において、安全衛生に関する事項を協力会社の労働者全員に周知します。

特に、立入禁止区域の設定であるとか、作業の必要上足場の手すりを臨時に取り外すとか、資材の搬入などの情報は重要です。工事用エレベーターのガイドレールの延長なども立入禁止区域と合わせて周知しておくべき事項になります。

安全施工サイクル活動の実施

12. 安全施工サイクル活動の実施

元方事業者は、施工と安全管理が一体となった安全施工サイクル活動を展開すること。

オフィスビルやマンションの新築工事が典型ですが、各フロアの工事はほぼ同じ作業の繰り返しとなります。その場合、安全を確保する上で重要な手順が定められていますから、それに従って施工していくことが安全衛生管理に効果があります。品質管理や工程管理上も有効です。

安全施工サイクルの手順を定め、それに従って確実に実施していくことが必要です。

職長会（リーダー会）の設置

13. 職長会（リーダー会）の設置

元方事業者は、関係請負人に対し、職長及び労働者の安全衛生意識の高揚、職長間の連絡の緊密化、労働者からの安全衛生情報の掌握等を図るため、職長会（リーダー会）を設置するよう指導すること。

現在では、多くの現場で職長会が組織され、様々な取組をしています。職長会がしっかりしている現場では、安全衛生管理のみならず品質管理も工程管理もうまくいっています。

一定規模以上の工事現場では、協力会社は安全衛生責任者を選任して、元方事業者との連絡調整役を担当させますが、これは職長・安全衛生責任者教育を修了した方でなければなりません。いわばその協力会社の現場での顔＝事業主の代理といった役割になります。

その方々で組織し、その工事現場全体としての活動をするのが職長会です。

関係請負人が実施する事項

14. 関係請負人が実施する事項

(1)　過度の重層請負の改善

関係請負人は、労働災害を防止するための事業者責任を遂行することのできない単純労働の労務提供のみを行う事業者等にその仕事の一部を請け負わせないこと。また、仕事の全部を一括して請け負わせないこと。

(2)　請負契約における労働災害防止対策の実施者及びその経費の負担者の明確化

関係請負人は、その仕事の一部を別の請負人に請け合わせる場合には、請負契約において労働災害防止対策の実施者及びその経費の負担者を明確にすること。

(3)　関係請負人及びその労働者に係る事項等の通知

a　名称等の通知

関係請負人は、元方事業者に対し、請負契約の成立後速やかにその名称、請負内容、安全衛生責任者の氏名、安全衛生推進者の選任の有無及びその氏名を通知すること。

b　労働者数等の通知

関係請負人は、元方事業者に対し、毎作業日の作業を開始する前までに仕事に従事する労働者の数を通知すること。

また、関係請負人は、その雇用する労働者の安全衛生に係る免許・資格の取得及び特別教育、職長教育の受講の有無を把握するとともに、元方事業者に対し、新たに作業に従事することとなった労働者について、これらの事項をその者が当該建設現場で作業に従事する前までに通知すること。

c　持込機械設備の通知

関係請負人は、元方事業者に対し、建設現場に持ち込む建設機械等の機械設備について事前に通知すること。

(4)　作業手順書の作成

関係請負人は、労働災害防止に配慮した作業手順書を作成すること。

(5)　協議組織への参加

関係請負人は、安全衛生責任者又はこれに準ずる者を協議組織の会議に毎回参加させること。

また、関係請負人は、混在作業に伴う労働災害防止上重要な工程に着手する時期、その他労働災害を防止する上で必要な時期に開催される協議組織の会議に店社の職員を参加させること。

(6)　協議結果の周知

関係請負人は、協議組織の会議の結果で重要な事項をその労働者に周知すること。

(7)　作業間の連絡及び調整事項の実施の管理

関係請負人は、安全衛生責任者又はこれに準ずる者に、統括安全衛生責任者又はこれに準ずる者等から連絡を受けた事項の関係者への連絡、及び連絡を受けた事項のうち自らに関係するものの実施についての管理を確実に行わせること。

(8) 新規入場者教育の実施

関係請負人は、その雇用する労働者が建設現場で新たに作業に従事することとなった場合には、当該作業従事前に当該建設現場の特性を踏まえて、次の事項を職長等から周知するとともに、元方事業者にその結果を報告すること。

〔1〕 元方事業者及び関係請負人の労働者が混在して作業を行う場所の状況
〔2〕 労働者に危険を生ずる箇所の状況（危険有害箇所と立入禁止区域）
〔3〕 混在作業場所において行われる作業相互の関係
〔4〕 避難の方法
〔5〕 指揮命令系統
〔6〕 担当する作業内容と労働災害防止対策
〔7〕 安全衛生に関する規程
〔8〕 建設現場の安全衛生管理の基本方針、目標、その他基本的な労働災害防止対策を定めた計画

(9) 作業開始前の安全衛生打合せの実施

関係請負人は、毎日、作業開始前にその雇用する労働者を集め、次の事項について安全衛生打合せを実施すること。

〔1〕 当日の作業内容、作業手順、労働災害防止上の留意事項等についての関係労働者への指示
〔2〕 作業間の連絡調整の結果の周知
〔3〕 関係労働者の労働災害の防止に対する意見等の把握
〔4〕 危険予知活動等の安全活動

(10) 職長会（リーダー会）の設置

関係請負人は、職長及び労働者の安全衛生意識の高揚、職長間の連絡の緊密化、労働者からの安全衛生情報の掌握等を図るため、職長会（リーダー会）を設置すること。

以上のことは、あえて細かいことを説明するまでもないと思われますが、それぞれの事項を確実に実施していくことが重要です。

第3
支店等の店社における安全管理

安全衛生管理計画の作成

1. 安全衛生管理計画の作成

元方事業者は、店社の年間の安全衛生の基本方針、安全衛生の目標、労働災害防止対策の重点事項等を内容とする安全衛生管理計画を作成すること。

計画がなければ、いつ何をするかが決まらず、何もしないで月日が経ってしまいます。そのうちに大きな災害が発生します。

重層請負の改善のための社内基準の設定等

2. 重層請負の改善のための社内基準の設定等

元方事業者は、建設現場が過度の重層請負とならないよう、重層の程度についての制限を社内基準として設ける等により、重層請負の抑制を図ること。

重層下請構造が建設工事現場における問題発生の元となっていることは前述したとおりです。

重層下請構造を改善することが、指示命令系統を簡素化することにつながります。その結果、元方事業者と協力会社との間の意思疎通が早く確実に行われることとなります。

意思疎通が改善されるためには、重層下請構造を改善するための社内基準を設けることが早道です。また、協力会社が元方事業者に内緒で再下請をしないようにしなければなりません。多くの元方事業者が協力会を組織しているのは、そのための役割もあるからです。

共同企業体の構成事業者による安全管理の基本事項についての協議

3. 共同企業体の構成事業者による安全管理の基本事項についての協議

元方事業者は、共同企業体で施工する場合には、構成事業者が安全管理について十分な連携を図れるよう、共同企業体のすべての構成事業者の店社からなる委員会を設置する等により、安全衛生管理体制、安全管理のための予算、安全管理のための規程、安全衛生管理計画等について協議すること。

元方事業者が共同企業体の場合、甲型と乙型の説明のところでも述べましたが、どこか1社だけが安全衛生管理を担当するということでは、現場全体としての安全衛生管理を進めることは困難です。

なぜなら、多くの協力会社は元方事業者各社の協力会の系列で仕事をしていますから、他の元方事業者のいうことを聞きにくいという傾向があるからです。

そのため、ここにあるように、元方事業者を構成するすべての事業者が、店社として委員会に参加し、安全衛生管理に関することに取り組むようにしなければなりません。

統括安全衛生責任者及び元方安全衛生管理者の選任

4. 統括安全衛生責任者及び
元方安全衛生管理者の選任

(1) 統括安全衛生責任者

元方事業者は、[1] ずい道等の建設の仕事、[2] 圧気工法による作業を行う仕事、[3] 一定の橋梁の建設の仕事及び [4] 鉄骨又は鉄骨・鉄筋コンクリート造の建築物の建設の仕事を行う場合で、統括安全衛生責任者の選任を要するときには、その事業場に専属の者とすること。

また、統括安全衛生責任者については、統括安全衛生管理に関する教育を実施し、この教育を受けた者のうちから選任すること。

(2) 元方安全衛生管理者

元方事業者は、元方安全衛生管理者については、混在作業現場における労働災害の防止のための技術等に関する教育を実施し、この教育を受けた者で、かつ、同種の仕事について安全衛生の実務に従事した経験がある者のうちから選任すること。

元方事業者は、一定の工事の場合には統括安全衛生責任者と元方安全衛生管理者を選任しなければなりません。前者は、基本的に現場所長がなるのですが、ゼネコンの中には複数の現場を担当する所長を置いている場合があります。現場を掛け持ちしていては統責者としての職務を行うことは困難ですから、当該現場に専属の方でなければならないのです。

また、元方安全衛生管理者は、その現場の安全衛生管理の実務担当者ですから、相応の実務経験を有していなければなりません。場合によっては統責者の代理を務めることになるからです。

施工計画の事前審査体制の確立

> **5. 施工計画の事前審査体制の確立**
>
> 元方事業者は、仕事の工程、機械設備等についての安全衛生面からの事前の検討を十分行うための店社内の事前評価体制を確立すること。また、当該仕事の計画作成に参加する有資格者の資質の向上を図るため、必要な教育等を徹底すること。さらに、事前評価の内容の充実を図るため、セーフティー・アセスメント指針の活用を図ること。

施工計画を現場任せにしたままでは、安全衛生管理のみならず品質管理も工程管理も不十分となりかねません。

そこで、店社として施工計画が適正であるかどうかを確認しなければなりません。その際、参画者の活用も必要です。また、建設会社によっては、社員に安全コンサルタント資格を取らせるよう奨励しているところもありますから、そのような資格者にチェックさせることも有益でしょう。要は、複数の眼で施工計画をチェックすることです。

また、施工計画の事前評価に当たっては、厚生労働省からいくつかの工事の種類ごとにセーフティー・アセスメント指針が示されていますから、その活用も有益です。

安全衛生パトロールの実施

6. 安全衛生パトロールの実施

元方事業者は、その店社が請負契約を締結した仕事について、混在作業に伴う労働災害の防止上重要な工程に着手する時期その他労働災害を防止する上で必要な時期に、店社安全衛生管理者又は当該店社の工事施工・安全管理の責任者等に当該仕事に係る作業場所の巡視を行わせること。この場合において、元方事業者が共同企業体である場合には、共同企業体のすべての構成事業者の店社が連携してこれを実施すること。

工事現場の安全パトロールは、元方事業者は１日１回実施しなければならないわけですが、節目となる時期などには、店社からの眼も必要です。共同企業体の場合には、共同企業体の構成企業すべてが参加し、複数の眼で安全衛生管理のチェックをしなければなりません。

労働災害の原因の調査及び再発防止対策の樹立

7. 労働災害の原因の調査及び再発防止対策の樹立

元方事業者は、店社が請負契約を締結した仕事に係る作業場所において労働災害が発生した場合には、店社安全衛生管理者又は当該店社の工事施工・安全管理の責任者及び統括安全衛生責任者、元方安全衛生管理者又はこれらに準ずる者等により、当該労働災害に係る関係請負人と連携して災害調査を行い、その原因を究明するとともに、再発防止対策を樹立すること。この場合において、元方事業者が共同企業体である場合には、共同企業体のすべての構成事業者の店社が連携して実施すること。

なお、労働災害の原因の究明及び再発防止対策の樹立に当たっては、必要に応じて労働安全コンサルタント等の専門家の活用を図ること。

災害が発生したとき、誰かのミスがきっかけとなっていることが少なくありませんが、それだけで発生することは滅多にありません。

たとえば、すでに赤字工事となっていたため、赤字額を減らそうとして仮設機材を減らしたことが原因という例がありました。

あるいは、器材や機械等に問題があることがわかっていたけれど、そのことを現場所長に言い出せないでいて災害につながったという例もありました。

また、ジャッキ式つり上げ機械のように、災害が繰り返されたことから法令による規制が設けられた例もありました。

真の災害発生原因を明らかにしなければ、再発防止対策を確立することはできません。ここで「労働安全コンサルタント等の専門家」には、労働基準行政（労働基準監督署や都道府県労働局）も考慮して良いでしょう。

元方事業者による関係請負人の安全衛生管理状況等の評価

8. 元方事業者による関係請負人の安全衛生管理状況等の評価

元方事業者は、優良な関係請負人の選定及び育成を図るため、関係請負人の安全管理状況、安全管理能力の評価のための規程を定め、工事の竣工時等に建設現場における関係請負人の安全管理状況等について、統括安全衛生責任者等により評価を行わせるとともに、工事の注文時等には元方事業者の店社の安全管理部門等において関係請負人の店社の安全管理状況等の評価を行うこと。

なお、元方事業者が関係請負人の安全管理状況等の評価を行う場合には次の事項に留意すること。

(1)　建設現場における安全管理状況等

［1］　災害防止協議会等の元方事業者が設置運営する協議組織への参加状況

［2］　統括安全衛生責者等との連絡、後次の請負人の安全衛生責任者等との作業間の連絡調整の状況

［3］　労働安全衛生規則第 155 条第 1 項に基づく作業計画等の作成状況

［4］　新規入場者教育の実施状況又は元方事業者が実施する安全衛生教育への参加状況

［5］　安全衛生に係る免許所持者、技能講習修了者及び特別教育修了者の配置状況

［6］　安全衛生責任者の現場への駐在状況

［7］　店社による作業場所の巡視状況

［8］　朝礼時等作業開始前における安全衛生打合せの参加・実施状況

[9] 作業手順書の作成状況
[10] 元方事業者が実施する安全管理活動への参加状況
[11] 建設機械の使用開始前の安全点検の実施状況
[12] 整理整頓の実施状況
[13] 保護具の使用状況
[14] 労働安全衛生関係法令の遵守状況
[15] 労働災害の発生状況

(2) 店社における安全管理状況等

[1] 安全衛生推進者、安全衛生担当者の選任状況
[2] 店社としての年間の安全衛生管理計画の作成状況
[3] 雇入れ時の安全衛生教育及び健康診断の実施状況
[4] 安全衛生に係る免許所持者、技能講習修了者の養成状況
[5] 店社主催の安全大会の開催状況
[6] 一般的な作業方法、作業における注意事項等を示した作業標準書の作成状況
[7] 店社による建設現場の作業場所の巡視状況
[8] 後次の請負人に対する安全管理面の指導状況
[9] 安全関係書類の届出、提出状況
[10] 労働災害統計の整備状況
[11] 労働災害事例集の活用
[12] 労働災害の発生状況

元方事業者は、関係請負人を育成し、よりよい協力会社にしていく必要があります。そのためには、関係請負人の評価と選定が重要です。

人は誰でも情実に流されがちになりかねませんが、こと安全衛生管理に関しては人命と企業の存亡が関わってきますから、ここに挙げられた事項について客観的な評価が望まれます。そのためには、工事現場と店社とが協力して協力会社の評価をしなければなりません。

9. 関係請負人が実施する事項

(1) 安全衛生管理計画の作成

関係請負人は、店社の年間の安全衛生の基本方針、安全衛生の目標、労働災害防止対策の重点事項等を内容とする安全衛生管理計画を作成すること。

(2) 安全衛生推進者の選任

関係請負人は、その店社において安全衛生推進者が選任されている場合には、当該安全衛生推進者に、当該店社が請負契約を締結した仕事に係る作業場所の巡視、労働災害の原因の調査、労働者の安全衛生教育の企画、実施等を行わせること。

(3) 安全衛生責任者の選任

関係請負人は、安全衛生責任者を選任する場合には、その職務を十分に行うことができるよう、一定の教育を実施し、当該教育を受けた者のうちから選任するとともに、当該者を建設現場に常駐させること。

また、関係請負人は、安全衛生責任者の職務の実施状況を把握すること。

(4) 安全衛生パトロールの実施

関係請負人は、その店社が請負契約を締結した仕事について、混在作業に伴う労働災害の防止上重要な工程に着手する時期その他労働災害を防止する上で必要な時期に当該店社の工事施工・安全管理の責任者等に、当該仕事に係る作業場所の巡視を行わせること。

(5)　**労働災害の原因の調査及び再発防止対策の樹立**

関係請負人は、その雇用する労働者が労働災害に被災した場合には、その店社の工事施工・安全管理の責任者又は安全衛生推進者及び安全衛生責任者又はこれに準ずる者等により、元方事業者及びその仕事を注文した請負人がいる場合にはその請負人と連携して災害調査を行い、その原因を究明するとともに再発防止対策を樹立すること。

安全衛生管理は元方事業者だけで行うものではありません。関係請負人も実施すべき事項があります。そのひとつが、協力会社としての安全衛生管理計画です。毎年１年分を作成し、それに基づいて安全衛生管理に関する取組を実行しなければなりません。

また、労働者数が10人以上であれば安全衛生推進者養成講習を修了した者の中から店社における安全衛生推進者を選任し、必要な事項を実施させなければなりません（安衛法第12条の２）。

安全衛生責任者は、一定規模以上の工事現場で協力会社が選任し、元方事業者に報告しなければなりません。資格者は、職長・安全衛生責任者教育を修了した方です。これは、建設業労働災害防止協会の支部や分会で実施しています。

安全衛生パトロールも協力会社の店社として実施する必要があります。これは、安全衛生責任者に任せきりにしているわけではないことを示す意味でも重要です。

労働災害が発生した場合の調査と再発防止対策については、元方事業者のところでも述べましたが、複数の原因を突き詰め、その上で根本的な再発防止対策を樹立することができれば、以後はそのような貴重な経験を生かした施工が可能となるはずであり、元方事業者からの信頼に応えることが可能となるはずです。

コラム

災害の原因は「本人の不注意」だけでしょうか？

建設業に限りませんが、労働災害等が発生した場合の事故調査の結果として、機械等の「運転者本人」や「被災者自身」の不注意による旨の発表をして終わっている例をよく見かけます。

確かに、本人の不注意は原因としてありますが、それだけで終わったのでは原因究明は不十分です。大手鉄道会社などでもそのような発表をしているところがあるのは残念です。

令和元年（2019 年）9 月 5 日に大手鉄道会社である京浜急行線の横浜市内の踏切で大型トラックと快速特急電車の衝突脱線事故が発生し、1 名死亡、33 名が負傷する事故が起きました。その対策の一環として、大型車両がその踏切に向かうことを避けるよう注意する看板が周辺の道路に設置されることになりました。

つまり、本人の不注意が原因であったとしても、その不注意の原因を突き止め、それに対する対策を講じることが必要です。電車の運転手が踏切内の侵入車両を検出した信号を見落としたかどうかの議論もありました。今後、同社でも山手線のように運転席に信号機を設置する方向に行くかもしれません。

また、いずれ将来的には線路の高架化や地下化により踏切を廃止する方向に向かわざるを得ないでしょう。事故等の原因調査は、本人の不注意で終わってはいけません。

第5章

建設業における総合的労働災害防止対策

概説

厚生労働省では、平成19年（2007年）3月22日付け基発第0322002号「建設業における総合的労働災害防止対策の推進について」において、「建設業における総合的労働災害防止対策」を公表しております。

これは、国土交通省から毎年各地方整備局等に対して通知される「建設工事事故防止のための重点対策の実施について」の内容を踏まえたものであり、発注者としての実施事項が盛り込まれています。

また、平成11年（1999年）に厚生労働省から労働安全衛生マネジメントシステムに関する指針が示されたことを踏まえ、建設業においてもその取組を求めています。

本章では、これに基づいてどのような取組をする必要があるか解説します。

なお、以下の二重枠 □ で囲った部分は、「通達」の内容です。

建設業における総合的労働災害防止対策

建設業における総合的労働災害防止対策の推進については、平成19年3月22日付け基発第0322002号「建設業における総合的労働災害防止対策の推進について」において、以下のように示されています。法令に定める事項、つまり実施しなければ法令違反となる事項と、労働災害防止のために実施することが望ましい事項とが示されています。

現在、建災防などで実施されている統括管理に関する講習会等では、この通達が基本となっています。

基本的考え方

1. 基本的考え方

建設業は、重層下請構造の下、所属の異なる労働者が同一場所で作業するという作業形態であり、短期間に作業内容が変化するという事業の性質から、建設業における労働災害防止対策においては、工事現場における元方事業者による統括管理の実施、関係請負人を含めた自主的な安全衛生活動の推進を基本に、当該現場を管理する本店、支店、営業所等がそれぞれ工事現場への安全衛生指導・援助を的確に行うことが重要である。

また、労働災害を防止する責務が事業者に課せられていることを経営トップ自らが厳しく認識し、率先垂範して、労働安全衛生関係法令の遵守はもとより、自主的な安全衛生活動の活性化を図る必要がある。

さらに、国土交通省から各地方整備局等に対して毎年通知される「建設工事事故防止のための重点対策の実施について」において、直轄土木工事における発注者としての実施事項等が示される等、発注者自らの取組も進められているところであり、発注者と労働基準行政との連携も重要になってきている。

このような状況の中で、建設業における労働災害防止対策の推進に当たっては、工事現場における統括管理を基本とし、工事現場における安全衛生管理に対して、当該現場を管理する本店、支店、営業所等が指導・援助を的確に行うとともに、労働災害防止団体、関係業界団体、発注者及び労働基準行政が一体となって、総合的に推進していくこととする。また、この対策の推進に当たっては、労働安全衛生関係法令の遵守はもとより、危険性又は有害性等の調査及びその結果に基づく措置（以下「危険性又は有害性等の調査等」という。）の実施及び事業者の主体的能力に応じた労働安全衛生マネジメントシステムの導入を推進させることにより、自主的な安全衛生活動を活性化し、もって、工事現場における安全衛生水準のさらなる向上を図ることとする。

（1）重層下請構造における取組

第４章の指針の解説でも説明しましたが、このような工事現場の特色を踏まえ、

① **元方事業者による統括管理の実施**
② **関係請負人を含めた自主的な安全衛生活動の推進**
③ **当該現場を管理する本店、支店、営業所等がそれぞれ工事現場への安全衛生指導・援助を的確に行うこと**

の三つの取組が必要です。

（2）事業者責任の自覚

労働災害を防止する責務が事業者に課せられていることを経営トップ自らが厳しく認識し、率先垂範して、労働安全衛生関係法令の遵守はもとより、自主的な安全衛生活動の活性化を図る必要があります。

これは、特定元方事業者のみならず、関係請負人である協力会社すべてに共通する課題です。安全衛生管理は元請だけの仕事ではないのです。

現実に死亡災害等の重篤な災害が発生した場合、労働安全衛生法違

反容疑等により検察庁に送検されるのは、圧倒的に協力会社だけということが多いのです。その結果、協力会社が処罰され、示談が無事に終わったとしても、労災保険からの求償（一種の弁償）も受けることになるのです。

(3) 発注者と労働基準行政との連携

国土交通省が発注者自らの取組として種々の対策を進めている状況を踏まえ、労働基準行政は同省との連携を一層進めていくこととされています。

(4) 労働安全衛生マネジメントシステムの導入推進

建設業の事業者（元請と協力会社双方）の自主的な安全衛生活動の活性化のため、厚生労働省が公表した労働安全衛生マネジメントシステムの導入を推進させ、自主的な安全衛生活動を活性化し、もって、工事現場における安全衛生水準のさらなる向上を図ることとしています。

コラム

労働安全衛生マネジメントシステムとは？

労働安全衛生法第 28 条の 2 において、危険性又は有害性等の調査及びその結果に基づく措置が定められています。

建設業でいえば、工事の進捗状況に応じて、事前に想定される危険性と有害性を洗い出し、被害の程度を見積もり、その評価結果に基づいて優先順位を付けてその防止対策を講じることです。

労働安全衛生マネジメントシステムは、略して OSHMS（Occupational Safety and Health Management System）と呼ばれていますが、建設業労働災害防止協会からその建設業バージョンとして「コスモス」（Construction Occupational Health and Safety Management System）が公表されています。

実は、この名称は英文を日本語に置き換えただけなので、内容をイメージしにくいのですが、全く新しいことを始めるわけではなく、これまで取り組んできた安全衛生管理活動に加えて、実施結果を踏まえて取組状況を評価をし、その評価に基づいて計画や目標の修正等を行うことが入っています。

また、指針では「システム監査」といっていますが、その取組が適切であるかどうかを第三者が評価することを実施すべきとされています。

繰り返しますが、全く新しいことを始めるわけではありません。

2. 安全衛生管理の実施主体別実施事項

事業者、建設業労働災害防止協会、総合工事業者等の団体及び発注者においては、次の実施事項について的確に実施すること。

なお、別添 1「建設業における安全衛生管理の実施主体別実施事項」を示すので、この実施事項について、その的確な実施に格段の努力を傾けること。

(1) 事業者においては、別添 2「建設業における労働災害を防止するため事業者が講ずべき措置」を徹底すること。当該措置の確実な実施及び自主的な安全衛生活動の推進のため、平成 18 年厚生労働省公示第 1 号「危険性又は有害性等の調査等に関する指針」に基づく危険性又は有害性等の調査等を実施するように努めるとともに、平成 11 年労働省告示第 53 号「労働安全衛生マネジメントシステムに関する指針（以下「マネジメント指針」という。）」に基づき、事業者の主体的能力に応じた労働安全衛生マネジメントシステムの導入を促進し、組織的かつ体系的に安全衛生水準の向上を図ることにも配慮すること。

(2) 建設業労働災害防止協会においては、労働災害防止に関する長期的な事業計画の策定、各種情報の分析・提供、調査研究活動の推進、安全衛生教育の充実、広報活動の推進、安全衛生診断、安全衛生相談等事業者に対する支援事業の実施等、事業者の労働災害防止対策の推進に対する必要な指導・援助を主体的に行うこと。また、危険性又は有害性等の調査等の実施、労働安全衛生マネジメントシステムの導入について、その促進を図ること。

(3) 総合工事業者の団体においては、建設業労働災害防止協会との連携の下、各種工法、工事用機械設備等についての安全性の確保に関する自主的基準の設定及び周知並びに安全衛生意識の高揚のための諸活動を企画・実施すること。

また、工事を直接施工する専門工事業者の団体においては、建設業労働災害防止協会との連携の下、安全衛生意識の高揚のための活動、それぞれの専門職種に応じた安全作業マニュアル等の作成・普及、安全パトロール、安全衛生教育等を実施すること。

さらに、これら団体においては、危険性又は有害性等の調査等の実施並びに労働安全衛生マネジメントシステムの導入の促進を図ること。

(4) 発注者においては、国土交通省等が実施する特別重点調査等公共工事における極端な低価格の受注による悪影響を防止するための対策が進められていることを踏まえ、計画段階における安全衛生の確保とともに、施工時の安全衛生の確保にも配慮すること。また、労働安全衛生マネジメントシステム等自主的な安全衛生活動の取組を評価する仕組みの導入等事業者が積極的に安全衛生管理を展開するような環境づくりを行うこと。

ここでは、(1) の事業者の実施事項について、別添 1「建設業における安全衛生管理の実施主体別実施事項」と別添 2「建設業における労働災害を防止するため事業者が講ずべき措置」を中心に説明します。

別添１
「建設業における安全衛生管理の実施主体別実施事項」

この実施事項は、元方事業者と関係請負人に分け、さらに工事現場と店社とに分けて、次のように定められています。

区分		実施事項
元方事業者	工事現場	1 労働安全衛生マネジメントシステムに関する指針（以下「マネジメント指針」という。）に基づく現場における安全衛生方針（工事安全衛生方針）の表明
		2 過重の重層請負の改善、請負契約における労働災害防止対策の実施者及びその経費の負担者の明確化
		3 店社及び関係請負人との連携による危険性又は有害性等の調査及びその結果に基づく措置（以下「危険性又は有害性等の調査等」という。）の実施事項の決定
		4 危険性又は有害性等の調査等に基づく工事安全衛生目標の設定及び工事安全衛生計画の作成
		5 協議組織の設置・運営等元方事業者による建設現場安全管理指針に基づく統括管理の実施
		6 マネジメント指針に基づく工事安全衛生計画の実施、評価及び改善
		7 工事用機械設備の点検等による安全性の確保
		8 安全な施工方法の採用
		9 関係請負人の法令違反を防止するための指導及び指示
		10 土砂崩壊等のおそれがある作業場所についての安全確保のための関係請負人に対する指導
		11 移動式クレーン等を用いての作業に係る仕事の一部を請負人に請け負わせて共同して当該作業を行う場合における作業内容等についての連絡調整の実施
		12 関係請負人が現場に持ち込む機械設備（以下「持込機械等」という。）の安全化への指導及び有資格者の把握
		13 関係請負人が行う新規入場者教育に対する資料、場所の提供等

		14 関係請負人に対し健康管理手帳制度の周知、その他有害業務に係る健康管理措置の周知等
		15 現場作業者に対する安全衛生意識高揚のための諸施策の実施
	店社（本支店、営業所等）	1 マネジメント指針に基づく店社全体の安全衛生方針の表明、安全衛生目標の設定、安全衛生計画の策定
		2 統括安全衛生責任者、元方安全衛生管理者等の選任等工事現場の安全衛生管理組織の整備の促進
		3 施工計画時の事前審査体制の確立
		4 工事現場の危険性又は有害性等の調査等の実施事項の決定支援
		5 工事現場の危険性又は有害性等の調査等に基づく工事安全衛生計画の作成支援
		6 店社安全衛生管理者等による安全衛生パトロールの実施等工事現場の安全衛生管理についての指導
		7 工事用機械設備の点検基準、安全衛生点検基準等の整備
		8 設計技術者、現場管理者等に対する安全衛生教育の企画、実施及び関係請負人の行う安全衛生教育に対する指導、援助
		9 関係請負人、現場管理者等に対する安全衛生意識高揚のための諸施策の実施
		10 マネジメント指針に基づく店社の安全衛生計画の実施、評価及び改善
		11 マネジメント指針に基づくシステム監査の実施及びシステムの見直し
		12 下請協力会の活動に対する指導援助
		13 災害統計の作成、災害調査の実施、同種災害防止対策の樹立等
		14 各種安全衛生情報の提供
関係請負人	工事現場	1 安全衛生責任者の選任等安全衛生管理体制の確立
		2 元方事業者の行う統括管理に対する協力
		3 店社及び元方事業者と連携した危険性又は有害性等の調査等の実施
		4 作業主任者、職長等による適切な作業指揮
		5 使用する工事用機械設備等の点検整備及び元方事業者が管理する設備についての改善申出
		6 ツールボックスミーティングの実施等による安全な作業方法の周知徹底及び安全な作業方法による作業の実施

		7 移動式クレーン等を用いる作業に係る仕事の一部を関係請負人に請け負わせる場合における的確な指示の実施
		8 持込機械等に係る点検基準、安全心得、作業標準、安全作業マニュアル等の遵守
		9 新規入場者に対する教育の実施
		10 仕事の一部を他の請負人に請け負わせて作業に係る指示を行う場合における的確な指示の実施
		11 建設業労働災害防止協会が示す専門職種に応じた労働安全衛生マネジメントシステムに基づくシステムの構築
	店社	1 安全衛生推進者の選任等安全衛生管理体制の確立
		2 店社全体の安全衛生方針の表明、安全衛生目標の設定及び安全衛生計画の策定
		3 元方事業者と連携した工事現場における危険性又は有害性等の調査等の実施支援
		4 安全衛生教育の企画、実施
		5 安全衛生意識高揚のための諸施策の実施
		6 安全衛生パトロールの実施
		7 持込機械等に係る点検基準、安全心得、作業標準、安全作業マニュアル等の作成による作業等の安全化の促進
		8 下請協力会の行う災害防止活動への積極的参加
		9 災害統計の作成、災害調査の実施等
		10 建設業労働災害防止協会が示す専門職種に応じた労働安全衛生マネジメントシステムの構築

これらの事項は、すでに前章までに述べたことがほとんどですから、詳しい説明は必要ないでしょう。むしろ、確実に実施するためにどうするかを考えなければなりません。そのためには、店社による実施状況の確認と必要な支援をすることが欠かせません。

別添 2
「建設業における労働災害を防止するため事業者が講ずべき措置」

ここでは、基本的な事項と建設工事別における労働災害防止上の重点事項に分けて、次の実施事項が定められています。

1. 基本的事項

（1）　工事の計画段階における安全衛生の確保
（2）　安全衛生管理体制の整備等
（3）　工事用機械設備に係る安全性の確保
（4）　適正な方法による作業の実施
（5）　安全衛生教育等の推進
（6）　労働衛生対策の徹底
（7）　建設業附属寄宿舎
（8）　出稼労働者の労働条件確保

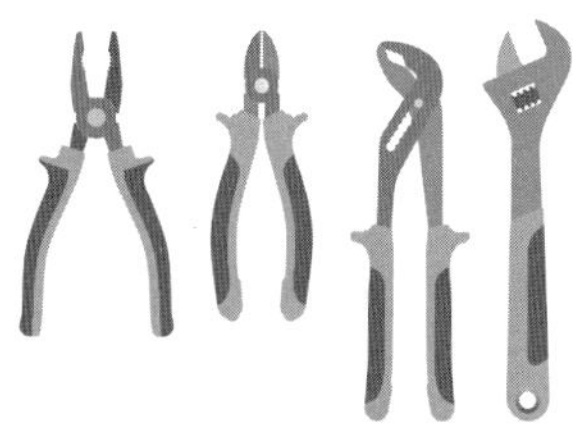

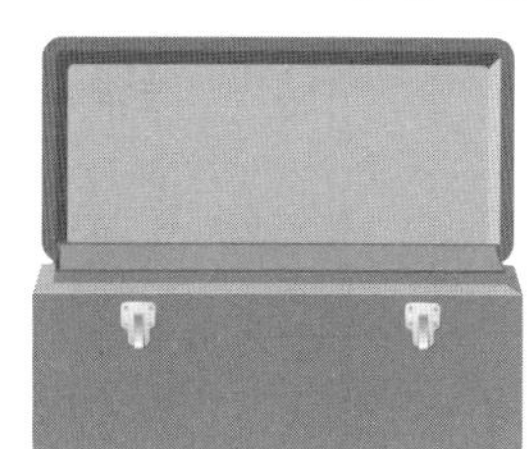

2. 建設工事別における労働災害防止上の重点事項

（1）　ずい道建設工事
（2）　橋梁建設工事
（3）　道路建設工事
（4）　小規模の上下水道等の建設工事
（5）　土地整理土木工事
（6）　河川土木工事
（7）　砂防工事
（8）　鉄骨・鉄筋コンクリート造家屋建築工事
（9）　木造家屋等低層住宅建築工事

(10)　電気・通信工事
(11)　機械器具設置工事
(12)　解体工事及び改修工事

1. 基本的事項

ここでは、工事の計画段階における安全衛生の確保から始まって、協力会社の事業附属寄宿舎に関する事項や出稼労働者の労働条件確保まで、実施すべき事項が定められています。

(1)　工事の計画段階における安全衛生の確保

労働災害防止を図るには、工事を施工する前に、仕事の工程、機械設備等について、安全衛生面から事前の評価を行うことが重要であり、労働安全衛生法（以下「法」という。）第88条の計画の届出の対象の工事はもとより、対象とならないものについても、法第28条の2により危険性又は有害性等の調査及びその結果に基づく措置（以下「危険性又は有害性等の調査等」という。）を実施すること。このため、企業内の事前評価体制を確立するとともに、当該工事の計画作成に参画する有資格者等の資質の向上を図るため、必要な教育等を徹底すること。さらに、事前評価の内容の充実を図るため山岳トンネル工事に係るセーフティ・アセスメントに関する指針等のセーフティ・アセスメント指針を活用すること。

ここでいう「危険性又は有害性等の調査及びその結果に基づく措置」は、リスクアセスメントのことです。リスクアセスメントは、単に厚生労働省が示しているリスクアセスメント指針を読んだだけでは理解が難しいと思います。実際に、建災防や他の労働災害防止団体等が実施しているリスクアセスメントに関する研修を受講しないと、リスクの見積もりや被害の評価、対策の優先順位の付け方などを理解することは困難です。

ぜひ、そのような研修会に参加した方を社内で確保してください。リスクアセスメント指針や各種のセーフティ・アセスメント指針は、厚生労働省のホームページでご確認ください。

その上で、事前の安全衛生対策を講じることが重要です。

(2)　安全衛生管理体制の整備等

ア　工事現場における安全衛生管理の確立及び体制の整備

工事現場における安全衛生管理が適切に実施されるためには、工事全体を統括管理する元方事業者が主導的な役割を果たすとともに、元方事業者及び関係請負人がそれぞれ果たすべき役割に応じて、安全衛生管理を推進することが重要であること。

(ア)　元方事業者の実施事項

元方事業者においては、平成 7 年 4 月 21 日付け基発第 267 号の 2「元方事業者による建設現場安全管理指針について」により、工事現場の安全衛生管理を行うこと。特に、統括安全衛生責任者、元方安全衛生管理者等及び店社安全衛生管理者等の選任、これらの者の責任と権限の明確化及び職務の励行等統括安全衛生管理体制を確立し、[1] 安全衛生計画の作成による施工と安全衛生管理の一体化、[2] 法第 30 条第 1 項各号の事項の実施、[3] 関係請負人の法令違反を防止するための指導及び指示、[4] 土砂崩壊等のおそれのある作業場所における安全確保についての関係請負人に対する指導及び援助、[5] 注文者として設備等を関係請負人の労働者に使用させる場合の適切な措置の実施等を徹底すること。

また、店社及び関係請負人と連携して、工事現場の危険性又は有害性等の調査等を実施するとともに、元方事業者の主体的能力に応じた労働安全衛生マネジメントシステムの導入を促進し、自主的な安全衛生活動を展開すること。

さらに、関係請負人が行う労働者の健康管理について、元方事業者は、必要に応じ、関係請負人に対し健康管理手帳制度の周知その他有害業務に係る健康管理措置の周知等を行うこと。

なお、移動式クレーン等を用いての作業に係る仕事の一部を請負人に請負わせて共同して当該作業を行う場合には、作業内容、指示の系統等についての連絡調整の実施を徹底すること。

（イ） 関係請負人の実施事項

工事を直接施工する関係請負人においては、元方事業者との連携を強化し、統括安全衛生責任者との連絡等安全衛生責任者の職務の徹底を図ること等により元方事業者の講ずる措置に応じた適切な措置を講ずること。

イ 本店、支店、営業所等による工事現場に対する指導・援助の充実

工事現場における安全衛生管理は、それぞれの事業者の本店、支店、営業所等における安全衛生管理に左右されることが多いことから、経営トップの安全衛生意識の一層の高揚を図るとともに、店社安全衛生管理者等による工事現場に対する指導をはじめ、工事現場における統括安全衛生管理体制の確立、危険性又は有害性等の調査等の実施、労働安全衛生マネジメントシステムの導入の促進のための指導・援助を行うこと。

安全衛生管理体制は、現場におけるものと店社におけるものに分けられます。それぞれにおける体制整備が重要です。

(3)　工事用機械設備に係る安全性の確保

ア　適正な方法による機械の使用及び検査等の適正な実施

工事用機械設備の使用に当たっては、製造者等から提供される使用上の情報を活用して危険性又は有害性等の調査等を行い、適切な安全方策を検討すること。さらに、安全装置が機能しない状態で使用することのないよう建設用機械等について法令に定められた適正な方法による作業を行うとともに、定期自主検査、作業開始前点検、修理等を適正に実施すること。

また、定格荷重を超えた荷のつり上げ、地盤の不同沈下等による転倒災害が続発しているので、車両系建設機械、移動式クレーン等を用いて作業を行うときは、あらかじめ、使用する機械の種類及び能力、運行経路、作業の方法等を示した作業計画を作成し、これに基づき作業を行うこと。

イ　仮設用設備に係る安全性の確保

足場、型枠支保工等の仮設設備については、計画段階から安全面についての十分な検討を行い、これに基づき施工を行うことにより適正な構造要件を確保するとともに、施工中においても適宜点検、整備を励行することによりその安全の確保を徹底すること。また、足場、型枠支保工に使用される仮設機材の経年劣化については、平成 8 年 4 月 4 日付け基発第 223 号の 2「経年仮設機材の管理について」に基づき適切な管理を行うこと。

ウ　リース業者等に係る措置の充実

リース業者が貸与する機械設備については、そのリース業者の責任において、当該機械設備の点検整備等の管理を行うとともに、貸与を受けた事業者においても十分なチェックを行う体制を整備すること。なお、移動式クレーン等をリースする業者であって自らの労働者がリース先の建設現場において移動式クレーン等を操作するものについては、法第 33 条第 1 項の措置とともに、事業者としてクレーン等安全規則等に定められた措置を講ずること。

エ　技術基準等の活用

最低基準としての法令の遵守はもとより、法第28条第１項に基づく「移動式足場の安全基準に関する技術上の指針」、「可搬型ゴンドラの設置の安全基準に関する技術上の指針」その他の工事用機械設備に係る各種技術基準を有効に活用すること。

年々様々な工事の施工方法が変わっています。かつては超高層ビルの新築工事では根切りといって最下層まで掘り、基礎を構築してから鉄骨を建てていましたが、今日では、逆打ち工法が主流です。鉄骨建方と地下工事を同時進行させるものです。

そのほかにも新たな工法が開発されていますが、慣れない工法だと災害が発生しやすいのも事実です。

また、工事用機械設備の適切な使用方法を守っていればいいのですが、用途外使用などで災害につながることも少なくありません。

厚生労働省では、前述のセーフティー・アセスメント指針のほか、工事の種類によっては技術上の指針も公表していますので、参考にしていただくと良いでしょう。

(4)　適正な方法による作業の実施

作業主任者、職長等の直接指揮の下、適正な方法により作業を実施すること。

災害として最も多い墜落災害の防止については、足場の設置等による作業床の確保、開口部等についての囲い、手すりの設置を基本として行うこと。作業の性格上これが困難な場合には、必ず防網の設置、安全帯の使用等を行うこと。

また、土砂崩壊の防止については、掘削箇所及び周辺の地山について十分な調査を行い、その結果に基づく適切なこう配による掘削を行うこと。また、地山が崩壊するおそれのある場合には、土止め支保工の設置等適切な土砂崩壊防止措置を確実に講ずること。

工事の安全衛生確保のためには、事前の調査と段取りが重要です。うっかりミスを防ぐことも重要ですが、うっかりしても大丈夫であるように設備面の改善をしておくことはさらに重要です。

(5) 安全衛生教育等の推進

ア 関係法令、法第19条の2第2項に基づく能力向上教育に関する指針、法第60条の2第2項に基づく安全衛生教育に関する指針及び平成3年1月21日付け基発第39号「安全衛生教育の推進について」をもって示した安全衛生教育推進要綱に基づき、労働者の職業生活を通じた中長期的な推進計画を整備すること。また、職長等に対しては、労働安全衛生規則（以下「安衛則」という。）第40条に示された事項の教育を実施するとともに、安全衛生責任者等に対しては、平成12年3月28日付け基発第179号「建設業における安全衛生責任者に対する安全衛生教育の推進について」、平成15年3月25日付け基安発第0325001号「建設工事に従事する労働者に対する安全衛生教育について」に基づく教育を推進すること。

イ アの安全衛生教育の実施に関しては、基本的に本店、支店、営業所等の段階で安全衛生教育を計画的に実施すること。また、元方事業者においては、関係請負人の行う安全衛生教育に対する指導・援助を徹底すること。

ウ　元方事業者は、関係請負人が新たに工事現場に就労する労働者に対して新規入場者教育を行う場合においては、適切な資料、場所の提供等を行うこと。なお、この場合、必要に応じ、元方事業者が自ら新規入場者教育を行うこと。

安全衛生教育等が重要であることは、誰もが認めることでしょう。また、平成 21 年（2009 年）と 27 年（2015 年）に足場に関する改正が行われ、平成 31 年（2019 年）には従来の安全帯が墜落制止用器具と名前を変えるとともに、原則としてフルハーネス型を使用することとされました。このような法令改正の内容についても、その都度きちんと知っておく必要があります。

そのためには、安全衛生教育を 1 回実施すればよいわけではなく、適宜繰り返すことも必要です。元方事業者と協力会社が一緒になって安全衛生教育等に取り組むことが重要です。

(6)　労働衛生対策の徹底

ア　労働衛生管理体制の整備等基本的対策の促進

建設業における労働衛生対策については、平成9年3月25日付け基発第197号「建設業における有機溶剤中毒予防のためのガイドラインの策定について」、平成10年6月1日付け基発第329号「建設業における一酸化炭素中毒予防のためのガイドラインの策定について」、平成10年12月22日付け基安発第34号「酸素欠乏症等の防止対策の徹底について」、平成12年12月26日基発第768号の2「ずい道等建設工事における粉じん対策の推進について」、平成15年5月29日付け基発第0529004号「第6次粉じん障害防止総合対策の推進について」、平成17年2月7日付け基発第0207006号「防じんマスクの選択、使用等について」、平成17年2月7日付け基発第027007号「防毒マスクの選択、使用等について」、平成17年3月31日付け基発第0331017号「屋外作業場等における作業環境管理に関するガイドラインについて」、平成18年3月17日付け基発第0317008号「過重労働による健康障害防止のための総合対策について」等に示すところに留意し、

［1］　労働衛生管理体制の整備
［2］　作業環境管理
［3］　作業管理
［4］　健康管理
［5］　労働衛生教育

の実施を促進し、もって労働衛生対策を徹底すること。

イ　アスベストばく露防止対策

アスベストを含有する建材については、既に製造、使用等が禁止されているが、今後アスベストを含有する建材を使用した建築物の解体等の作業が増加することが見込まれている。これらの作業を行う事業者においては、計画届又は作業届の適切な届出を行い、石綿障害予防規則に基づき、特に、以下に掲げるアスベストばく露防止対策を徹底すること。

〔1〕 建築物等についてアスベスト等の使用の有無の事前調査
〔2〕 作業計画の作成及びその遵守
〔3〕 吹き付けられたアスベスト等の除去を行う作業場所の確実な隔離措置
〔4〕 アスベストが使用されている保温剤等の除去に係る立ち入り禁止等の措置
〔5〕 アスベスト等の切断等の作業に係る湿潤化の措置
〔6〕 呼吸用保護具及び作業衣又は保護衣の適切な使用及び管理
〔7〕 石綿作業主任者の選任と職務の励行
〔8〕 特別教育の実施

労働衛生対策とは、職業性疾病（職業病）の予防対策です。中には、じん肺や石綿障害のように離職後20年30年を経て発症するものもあります。当該作業に従事した直後に発症するわけではない点で、労働者が対策を守ろうとしない難しさがあります。

しかし、対策を怠れば、将来これらの不治の病にかかる可能性は高まりますから、きちんと対策を実施しなければなりません。

(7)　建設業附属寄宿舎

建設業附属寄宿舎については、安全衛生の確保はもとより寄宿舎に寄宿する労働者の福祉の向上のため広く住環境の整備を行うこと。

建設業附属寄宿舎は一頃に比べてずいぶん減りました。ビジネスホテルを利用するケースが増えています。

しかし、建設業附属寄宿舎がなくなったわけではありません。万一火災その他が発生した場合には、一度に大勢の労働者が亡くなることとなります。食中毒などの感染症予防も重要です。

また、単に寝泊まりできればよいではなく、寄宿労働者の福祉の向上を考慮したものとするよう努めていただきたいものです。

(8)　出稼労働者の労働条件確保

出稼労働者の労働条件の確保については、平成 3 年 11 月 21 日付け基発第 657 号「出稼労働者対策要綱の改正について」に基づき必要な措置を講ずること。

建設業に従事する労働者には、出稼労働者の比率が他の業種に比べて多い傾向にあります。また、出稼者手帳に賃金額等の労働条件を記載し、健康診断を実施するなど、必要な措置を講じなければなりません。

2. 建設工事別における 労働災害防止上の重点事項

以下の建設工事別重点事項は、特に解説の必要はないでしょうから、説明は省略します。

(1) ずい道建設工事

ア 安全衛生管理の充実

工事現場における安全衛生管理の充実を図るため、次に示す事項を重点に実施すること。

(ア) 元方事業者においては、当該現場の規模に応じて統括安全衛生責任者及び元方安全衛生管理者又は店社安全衛生管理者を選任し、現場における統括管理を充実すること。

(イ) 夜間、休日に工事を実施する場合には、当該工事現場において施工を統括管理する技術者が不在となり、その際、連絡調整等が不十分となり重大な災害が発生するおそれがある。このため、夜間、休日において工事を実施する場合には、これらの技術者が不在のまま工事が進められることのないよう、複数の元方安全衛生管理者の選任又はこれに準ずる能力を有する技術者の配置を進めること。

(ウ) ずい道等の掘削作業又はずい道等の覆工の作業を行う場合には、それぞれ、ずい道等の掘削等作業主任者又はずい道等の覆工作業主任者を選任し、その者の直接指揮により作業を実施すること。

イ　災害防止対策の重点事項

（ア）　工法別安全対策

最近５年間のずい道建設工事における死亡災害の原因を項目別に見ると、建設機械等、落盤、墜落等によるものの順となっているが、工法により災害の傾向が異なることから、特に、次の事項を重点に労働災害防止対策を講ずること。

a　山岳工法

(a)　建設機械等による災害の防止

山岳工法によるずい道掘削工事は、ドリルジャンボ、自由断面掘削機、ドラグ・ショベル等による掘削、トラクター・ショベル等による積込み、ダンプトラック等によるずりの積出し等建設機械等の導入による機械化の進展が著しく、作業能率を大きく向上させているが、反面、これらの建設機械等との接触等による災害が跡を絶たない。このようなことから、掘削、積込み作業時においてこれらの建設機械等と接触のおそれのある場所への立入禁止又は誘導者の配置、運搬機械等の運行経路と歩道の分離等の措置を徹底すること。

また、小断面のトンネルボーリングマシン（TBM）による掘削においては退避のための通路の確保及び避難訓練を確実に行うこと。

(b)　落盤、肌落ち等による災害の防止

切羽等における落盤、肌落ち、岩石の崩壊、崩落、土砂崩壊等による災害を防止するため、浮石の点検を実施するとともに、コンクリート吹付け及びロックボルト施工時における観察者の配置に留意すること。

b　シールド工法

(a)　建設機械等による災害の防止

シールド機械にはさまれる、激突される等の災害を防止するため、点検時の機械の停止措置、稼働中のシールド前面への立入禁止措置等の接触予防措置を徹底すること。

比較的小断面のずい道工事における資材等の運搬方式として軌道方式が採用されることが多いが、シールド工事において軌道装置に挟まれる等の災害が発生していることから、通路の確保、回避所の設置等により狭あいな坑内における接触予防措置を徹底すること。

(b)　墜落災害の防止

発進たて坑における墜落災害を防止するため、開口部の囲い、手すりの設置、適切な昇降設備等の設置を徹底すること。

(c)　爆発火災による災害の防止

シールド工法は、都市部でのずい道建設工事において採用されることが多い工法であるが、地層によっては堆積した有機物の分解により可燃性ガスが突出しやすくなっている場合があるため、過去の周辺のずい道工事の施工記録、事前の調査結果等を踏まえた施工計画を作成するとともに、これに基づく可燃性ガスの定期的測定、換気設備の点検、整備等を徹底すること。また、ガス爆発、火災等の緊急時の避難、救護及び連絡の体制を確立すること。

c　推進工法

推進工法によるずい道工事のうち労働者が推進管内に立ち入るものについては、緊急時の迅速な避難等を考慮して、当面、内径 80cm 以上のヒューム管、さや管等を使用するように努めること。

また、たて坑における墜落防止措置、土砂崩壊災害防止措置等を徹底すること。

（イ） 労働衛生対策

a じん肺の予防

(a) ずい道建設工事においては、掘削に伴う土石の粉じんの発散、又はコンクリート吹付けに伴うコンクリート等の粉じんの発散により労働者の健康を害するおそれがあるので、粉じんの発散を防止するための湿式工法又は湿式吹付け機の採用、換気装置の設置等により作業環境の改善措置を講ずるとともに、呼吸用保護具の着用を徹底する等、平成12年12月26日付け基発第768号の2「ずい道等建設工事における粉じん対策の推進について」に基づく措置を徹底すること。

(b) 粉じん作業従事労働者に対するじん肺健康診断の実施を徹底し、産業医等による保健指導も含めた適正な健康管理を行うこと。

b 酸素欠乏症の防止

上層に不透水層がある砂れき層のうち含水若しくは湧水がなく、又は少ない地層、第1鉄塩類又は第1マンガン塩類を含有している地層等酸素欠乏危険場所に該当する地層に接し、又は通ずる立坑、ずい道等の掘削工事については、酸素濃度の測定及び換気を実施するとともに、酸素欠乏危険作業主任者の選任と職務の励行、保護具及び救護用具の備付け、特別の教育の実施等酸素欠乏症防止措置を徹底すること。

c 一酸化炭素中毒の防止

通気の不十分な場所において、内燃機関を用いた照明用発電装置、掘削機械等を使用する場合には、適切な換気の実施、保護具の着用等一酸化炭素中毒防止措置の実施を徹底すること。

d　振動障害の防止

できるだけ低振動・低騒音の振動工具を選定すること。加えて、さく岩機等振動工具を良好な状態で使用するため、振動工具管理責任者を選任し、振動工具の点検整備を行わせること。また、関係請負人が、新規入場者教育を労働者に行うに当たっては、振動障害の防止に係る教育を併せて実施すること。

さらに、適切な作業管理、健康管理を積極的に推進すること。

e　高気圧障害の防止

圧気シールド工法によるずい道掘削等圧気工法を採用する場合は、当該作業における高気圧障害を防止するため、高圧室内作業主任者を選任しその職務を適正に遂行させるとともに、作業時間及び減圧時間の適正な管理を行うこと。また、圧気シールド及び附属設備の保守点検を励行すること。

さらに、高圧室内業務従事労働者に対する高気圧業務健康診断の実施及び病者の就業禁止を徹底する等、適正な健康管理を行うこと。

（ウ）　その他の留意事項

［1］　ダンプトラックによる坑外でのずり運搬作業において路肩から転落する災害が発生していることから、ずり運搬路等を新設する場合においては、必要な幅員の確保、舗装の実施等運搬機械等による災害を防止するための措置の実施を推進すること。

［2］　建設工事の作業に熟練していない者を雇い入れる場合には、特に雇入れ時の教育を徹底するとともに、これらの労働者の適正配置及びこれらの労働者を指揮する職長等の教育について十分配慮すること。

［3］　山岳ずい道工事従事者については、建設労働手帳制度の周知徹底に留意すること。

(2) 橋梁建設工事

ア　安全衛生管理の充実

工事現場における安全衛生管理の充実を図るため、次に示す事項を重点に実施すること。

（ア） 元方事業者においては、当該現場の規模に応じて統括安全衛生責任者及び元方安全衛生管理者又は店社安全衛生管理者を選任し、現場における統括管理を充実すること。

（イ） 橋桁の架設等の作業を行う場合には、橋の種類に応じて鋼橋架設等作業主任者又はコンクリート橋架設等作業主任者を選任し、その者の直接指揮により作業を実施すること。

（ウ） 鋼橋及びコンクリート橋の上部構造の架設等の作業において橋桁の落下等が発生すると重大な災害となるおそれが高いことから、当該作業を行う場合の適正な作業計画を作成すること。

イ　災害防止対策の重点事項

最近5年間の橋梁建設工事における死亡災害の原因を項目別にみると、墜落によるものが4割強を占めており、以下、建設機械等、クレーン等によるものとなっているが、特に次の事項を重点に労働災害防止対策を講ずること。

（ア） 墜落による災害の防止

つり橋、高架橋等の建設の作業において、型枠又は足場の組立中、足場上での運搬作業中等での墜落による災害が依然として跡を絶っていない。このため、足場等の仮設設備の点検・整備の励行、防網及び親綱の設置、安全帯の使用を徹底すること。また、橋脚上等の橋梁自体からの墜落も発生しており、防網の設置及び親綱の設置等安全帯の取付け位置を確保した上での安全帯の使用等を徹底すること。

（イ） 建設機械等による災害の防止

建設機械との接触、路肩からの転落、ドラグショベルで吊った荷との接触等による災害が発生している。このようなことから、［1］作業半径内の立入禁止又はこれが困難な場合の誘導者の配置、［2］運行経路の路肩の崩壊防止、［3］地盤の不同沈下の防止、［4］必要な幅員の保持、［5］路肩、傾斜地等で作業を行う際の誘導者の配置等の措置を徹底すること。また、車両系建設機械の運転業務従事者に対する法第 60 条の 2 に基づく安全衛生教育等に労働者を計画的に参加させること。

（ウ） クレーン等に係る災害の防止

橋梁建設の作業において移動式クレーンを使用して部材等の運搬作業中に荷が振れ、又は荷が落下することによる災害が多く発生している。このようなことから、つり荷の下及び上部旋回体の旋回範囲内への立入禁止措置を徹底すること。このため移動式クレーンを用いての作業を行う者の各々の間の連絡調整を十分行うこと。また、定格荷重を超えた荷のつり上げ、地盤の不同沈下による転倒災害も多発しているので、移動式クレーンに係る適切な作業方法の決定及びそれによる作業の実施、地盤の強化等の措置を徹底すること。

（エ） 型枠支保工の倒壊による災害の防止

コンクリート橋建設工事においてコンクリートの打設作業中等に型枠支保工が倒壊する災害を防止するため、型枠支保工の設計に当たっては水平荷重についての十分な検討を実施するとともに、部材の接合方法等を示した適切な組立図による施工の実施及び型枠支保工の組立て等作業主任者の選任及びその者の直接指揮による作業の実施により適正な構造要件を確保すること。

（オ） 高気圧障害の防止

圧気潜函工法を採用する場合には、当該作業における高気圧障害を防止するため、前記２の（1）イ（イ）eに記載した事項を重点に対策を講ずること。

（3）道路建設工事

ア 安全衛生管理の充実

工事現場における安全衛生管理の充実を図るため、次に示す事項を重点に実施すること。

（ア） 掘削及び土止め支保工の組立て作業については、作業主任者の直接指揮による作業の実施を徹底すること。また、掘削箇所及びその周辺の地山についての地質及び地層の状態、含水及び湧水の状態等を観察する者並びに土止め支保工の設置状態、掘削用機械等の整備状態、照明の状態等を点検する者を定めて、その職務を十分に行わせること。なお、観察・点検の結果、施工計画を変更する必要が生じた場合には、発注者の協力の下に早期にその計画を変更する等危害防止措置を講ずること。

（イ）　この種の工事においては、工事現場における教育の実施に困難な面が見られるので、元方事業者が推進主体となり、発注機関及び関係団体の協力を得て、計画的に実施するとともに、関係請負人に対して、その労働者を積極的に講習会等に参加させること。

イ　災害防止対策の重点事項

最近５年間の道路建設工事における死亡災害の原因を項目別に見ると、建設機械等、墜落、自動車等、土砂崩壊によるものの順となっており、特に、次の留意事項を重点に労働災害防止対策を講ずること。

（ア）　建設機械等による災害の防止

路肩、法面からの転落によるものが建設機械等による死亡災害の３割以上を占めていること、また、建設機械を用いた作業において、作業半径内で作業中の労働者がバケット等の作業装置に挟まれる、激突される、あるいは後退中の建設機械にひかれるといった災害も多発していることから、前記２の（2）イ（イ）に記載した事項を重点に対策を講ずること。

（イ）　墜落災害の防止

掘削に先立ち、木の伐採作業等を斜面上で行っていた労働者が転落する、あるいは路肩を通行中に谷へ転落する等の災害が多く発生している。斜面での作業においては、作業方法の決定及び周知徹底を図るほか、こう配が40度以上の斜面上で作業を行う場合は、安全な作業床の設置又は防網及び安全帯の使用を徹底すること。また、適切な通路の決定及びその周知徹底を行うこと。

なお、通路については、墜落、転落のおそれのある箇所については、手すり等の設置を基本とすること。

（ウ） 自動車等による災害の防止

道路建設工事における自動車等による災害は、作業場内において発生したもののほか、通行中の一般車が作業場内に入ってきて発生したものや一般公道での交通事故が発生している。このため作業場内においては、貨物自動車の運行経路と歩道との完全な分離、掘削した土砂の積込み時の誘導者の配置を徹底すること。また､特に道路の補修工事等においては､工事に関係のない車の作業場内への進入を防ぐための警戒標識､案内､バリケードの設置を徹底すること。

（エ） 土砂崩壊災害の防止

地山の掘削作業においては、事前の調査の結果に応じた適切なこう配による堀削の実施又は土止め支保工の設置を徹底すること。なお、点検者を指名し、浮石及びき裂の有無及び状態並びに含水及び凍結の状態の変化の点検を徹底すること。特に、道路復旧工事は土砂崩壊のおそれのある箇所での工事が多いことから、そのおそれがある場合にはあらかじめ傾斜計の設置等により土砂崩壊の予知に努めること。

（オ） 振動障害の防止

タイタンパー等振動工具の使用による振動障害を防止するため、前記２の（1）イ（イ）dに記載した事項を重点に対策を講ずること。

(4) 小規模の上下水道等の建設工事

ア　安全衛生管理の充実

工事現場における安全衛生管理の充実を図るため、前記２の（3）アに記載した事項を重点に実施すること。

イ　災害防止対策の重点事項

最近５年間の上下水道工事における死亡災害の原因をみると、建設機械によるものがその３割以上を占めているほか、以下、土砂崩壊、自動車等によるものの順となっており、特に、次の事項を重点に労働災害防止対策を講ずること。

（ア）　建設機械等による災害の防止

［1］　狭い公道上等で掘削機械を利用して溝掘削作業を行う場合には、公道を通る自動車や構築物等と当該掘削機械との間に労働者が挟まれる災害を防止するため、掘削用機械の旋回範囲内への立入りを禁止する等の措置を講ずること。

［2］　掘削機械を用いて、土止め用矢板、ヒューム管等のつり上げ作業を行う場合には、移動式クレーン又はクレーン機能を備えたドラグ・ショベルを使用すること。これが困難な場合には、適切なつり上げ用の器具の取付け、合図者の指名及びその者による合図の実施等安衛則第164条の規定を遵守した作業を徹底すること。

（イ）　土砂崩壊災害の防止

［1］　小規模な溝掘削作業においては、平成15年12月17日付け基発第1217001号「土止め先行工法に関するガイドラインの策定について」に基づき、土止め支保工の設置等の措置を講ずること。

［2］　多量の降雨等悪天候時には作業を中止すること。

（ウ）　自動車等による災害の防止

前記２の（3）イ（ウ）に記載した事項を重点に対策を講ずること。

（5） 土地整理土木工事

土地整理土木工事においては、建設機械等による災害が約２割５分を占め、以下、土砂崩壊等による災害が多く発生していることから、これらの災害を防止するため、特に、次の事項を重点に労働災害防止対策を講ずること。

［1］ 建設機械等を用いた作業の際の作業半径内の立入禁止、誘導者の配置

［2］ 運搬機械等の運行経路と歩道との完全な分離、積込み時の誘導者の配置

［3］ 事前調査結果に応じた適切なこう配による掘削の実施又は土止め支保工の設置

（6） 河川土木工事

河川土木工事においては、建設機械等による災害が３割以上を占め、以下、墜落、土砂崩壊による災害が多く発生していることから、これらの災害を防止するため、特に、次の事項を重点に労働災害防止対策を講ずること。なお、土石流危険河川については、平成10年３月23日付け基発第120号「土石流による労働災害防止のためのガイドラインの策定について」に基づく措置を講じること。

［1］ 建設機械等を用いた作業の際の作業半径内の立入禁止、誘導者の配置

［2］ 運搬機械等の運行経路と歩道との完全な分離、積込み時の誘導者の配置

［3］ 安全な作業床の設置又は防網及び安全帯の使用並びに適切な通路の決定及び周知徹底

［4］ 事前調査結果に応じた適切なこう配による掘削の実施又は土止め支保工の設置

(7) 砂防工事

砂防工事においては、墜落による災害が約４割を占め、以下、建設機械等による災害、土砂崩壊による災害となっていることから、これらの災害を防止するため、特に、次の事項を重点に労働災害防止対策を講ずること。

[1] 安全な作業床の設置又は防網及び安全帯の使用並びに適切な通路の決定及び周知徹底

[2] 建設機械等を用いた作業の際の作業半径内の立入禁止、誘導者の配置

[3] 運搬機械等の運行経路と歩道との完全な分離、積込み時の誘導者の配置

[4] 事前調査結果に応じた適切なこう配による掘削の実施又は土止め支保工の設置

(8) 鉄骨・鉄筋コンクリート造家屋建築工事

ア 安全衛生管理の充実

工事現場における安全衛生管理の充実を図るため、次に示す事項を重点に実施すること。

(ア) 工事現場には多くの職種の関係請負人が入場して作業を行うことから、元方事業者においては、当該現場の規模に応じて統括安全衛生責任者、元方安全衛生管理者又は店社安全衛生管理者を選任する等により現場における統括管理を充実すること。

(イ) 掘削作業、鉄骨の組立ての作業、型枠支保工の組立ての作業等については、作業主任者の直接指揮による作業の実施を徹底すること。

(ウ) 新規入場者教育については、新たに現場に就労する関係請負人の労働者に対して、現場全体の状況、現場内の危険箇所についての周知を確実に行うこと。

イ　災害防止対策の重点事項

（ア）　工事別安全対策

最近５年間の鉄骨・鉄筋コンクリート造家屋建築工事における死亡災害の原因を見ると、墜落によるものが５割以上を占めており、以下、建設機械等、飛来・落下、倒壊、クレーン等によるものとなっているが、工事により災害の傾向が異なることから、特に、次の事項を重点に労働災害防止対策を講ずること。

a　土工事、杭工事等

土工事、杭工事等においては、狭あいな敷地内で掘削用建設機械等と労働者がふくそうして作業を行うことによる挟まれ、激突災害や地盤が軟弱なことにより基礎工事用建設機械が転倒することによる災害が発生している。このようなことから、掘削作業半径内の立入禁止措置の徹底、基礎工事用建設機械を使用して仕事を行う関係請負人に対する元方事業者による転倒防止のための技術上の指導及び地盤強化、鉄板の提供等の援助を行うこと。

b　躯体工事

(a)　墜落による災害の防止

鉄骨の組立て作業中に梁上から墜落する災害が多発していることから、つり足場の設置又は防網及び安全帯の使用を徹底すること。

また、型枠支保工の組立てあるいは解体作業中に足場から墜落する災害も跡を絶っていないことから、当該足場における作業床端部の手すりの設置又は防網及び安全帯の使用を徹底すること。

さらに、足場の組立てあるいは解体作業中の墜落災害も多く発生していることから、平成15年４月１日付け基発第0401012号「手すり先行工法に関するガイドラインの策定について」に基づく措置の実施を図ること。

(b) 型枠支保工の倒壊等による災害の防止

鉄骨・鉄筋コンクリート造家屋建築工事においてコンクリートの打設作業中に型枠支保工等が崩壊したことによる重大な災害が発生している。このようなことから、設計に当たっては水平荷重についての十分な検討を実施するとともに、部材の接合方法等を示した適切な組立図による施工の実施並びに型枠支保工組立て等作業主任者の選任及びその者の直接指揮による作業の実施により適正な構造要件を確保すること。

c 外部仕上工事

(a) 墜落による災害の防止

高層ビルの PC（プレキャストコンクリート）パネルやカーテンウォールの取付け等の外部仕上工事において、パネル等の取付け時の墜落災害が発生していることから、パネル取付用足場及び親綱の設置等の墜落防止対策を徹底するとともに、朝礼時等においてクレーンの合図の統一等の調整を行うこと。また、建物内部からパネルの取付作業を行うことができる部材や器具を使用する等作業方法の改善に努めること。

(b) 飛来落下による災害の防止

工具類等が落下し、地上で働いている労働者や通行人が被災する災害が発生している。このため、パネル等の補助吊ロープはパネルのセット完了まで外さない、工具類は作業員と結びつけておく等の飛来落下による災害防止対策を徹底すること。また、上層部と下層部において、同時作業が行われないよう、作業工程を調整しておくこと。

d　内部仕上工事

(a)　墜落による災害の防止

内部仕上工事における開口部等から墜落を防止するため、元方事業者は、現場で新たに作業を行う関係請負人に対して開口部の箇所を確実に通知すること。

また、いわゆる「うま」を、足がかりとして使用しないよう徹底すること。

(b)　木材加工用機械による災害の防止

木材加工用機械による災害を防止するため、平成10年9月1日付け基発第520号の2「木材加工用機械災害防止対策推進運動の実施等について」に基づく措置を徹底すること。

(イ)　クレーン等による災害の防止

杭工事等においては、基礎杭のつり上げ、移動等の作業を移動式クレーンが基礎工事用建設機械を補助して行うが、この際には地盤の状態を事前に把握した上で地盤強化を行う等地盤の状況に応じた必要な転倒防止措置を講ずること。

クレーンによる鉄骨等の運搬作業時においては、飛来落下災害が多発していることから、クレーンを用いての作業を行う者各々の間の連絡調整を十分に行わせることにより、つり荷の下の立入禁止措置を徹底すること。

また、移動式クレーンを用いて作業を行う場合は、搬入された荷を卸す等の短時間作業においても、鉄板の敷設、アウトリガーの最大張出し等の転倒防止措置を徹底するとともに、適切な作業方法の決定及びそれによる作業の実施を徹底すること。

なお、玉掛け作業については、平成12年2月24日付け基発第96号「玉掛け作業の安全に係るガイドラインの策定について」に基づく措置を徹底すること。

（ウ） 労働衛生対策

a 有機溶剤中毒の防止

内部仕上工事の防水・塗装作業において有機溶剤中毒が多発していることから、十分な労働衛生教育を実施するとともに、適切な換気の実施、呼吸用保護具の使用並びに有機溶剤作業主任者の選任及びその者の直接指揮による作業の実施を徹底すること。

b 一酸化炭素中毒の防止

地下防火水槽工事等において、コンクリート養生に用いる練炭等から発生する一酸化炭素による中毒を防止するため、養生後、水槽等の内部へ立ち入る際の換気、濃度測定等必要な措置を徹底すること。

(9) 木造家屋等低層住宅建築工事

平成 8 年 11 月 11 日付け基発第 660 号の 2「木造家屋等低層住宅建築工事における労働災害防止対策の推進について」に基づく措置を徹底すること。

(10) 電気・通信工事

ア 安全衛生管理の充実

（ア） 安全衛生管理体制を確立するとともに、選任された安全管理者又は安全衛生推進者に作業現場を巡視させる等により工事現場の作業の安全化を図ること。

（イ） 高圧・特別高圧電気取扱作業者に対する特別教育の実施その他の安全衛生教育を計画的に実施すること。

イ　災害防止対策の重点事項

電線等の電気・通信設備の設置作業において墜落災害が多発していること及び電力用ケーブル敷設等の作業において感電災害が多発していることから、これらの災害を防止するため、特に、次の事項を重点に労働災害防止対策を講ずること。

（ア）　高所作業における安全な作業床の設置又は安全帯の使用

（イ）　高所作業車を使用する場合における作業指揮者の指名及び当該高所作業車の転倒防止

（ウ）　活線作業又は活線近接作業を行う場合における絶縁用保護具等の着用等

（11）機械器具設置工事

ア　安全衛生管理の充実

安全衛生管理体制を確立するとともに、選任された安全管理者又は安全衛生推進者に作業現場を巡視させる等により現場の作業の安全化を図ること。

イ　災害防止対策の重点事項

機械器具設置工事においては、墜落災害が多発していることから、安衛則第 518 条第 1 項又は第 519 条第 1 項に規定する安全な作業床の確保を基本とし、脚立、移動はしご等の器具の使用はできるだけ避けること。

また、エレベーターや立体駐車場等の昇降路内で作業する場合には、上層部と下層部で同時作業が行われないよう作業工程の調整を行うとともに、各階の扉には「作業中」であることを表示しておくこと。さらに、ピットスイッチ等で搬器が動かないようにしてから昇降路内部に入ること。

また、通風不十分な屋内作業においてアーク溶接を行う場合には、換気を行うことにより作業場所の空気中の一酸化炭素濃度を日本産業衛生学会で示されている許容濃度である50ppm以下に保つ等必要な措置を講ずること。

（12）解体工事及び改修工事

ア　安全衛生管理の充実

工事現場における安全衛生管理の充実を図るため、次に示す事項を重点に実施すること。

（ア）　元方事業者においては、当該現場の規模に応じて統括安全衛生責任者、元方安全衛生管理者又は店社安全衛生管理者を選任する等により現場における統括管理を充実すること。

（イ）　高さ5m以上のコンクリート造の工作物の解体等の作業については、コンクリート造の工作物の解体等作業主任者を選任し、その者に、作業の方法及び労働者の配置を決定させ、作業を直接指揮させること。

（ウ）　新規入場者教育については、新たに現場に就労する関係請負人の労働者に対して、現場全体の状況、現場内の危険箇所についての周知を確実に行うこと。

イ　災害防止対策の重点事項

（ア）　解体工事

解体工事中に突然梁や壁が倒壊し、労働者はもとより周辺住民をも巻き込む災害が発生しているが、この要因として、構造物が設計図書と異なっていたり、鋼材が予想以上に劣化していたこと等も見受けられることから、これらの災害を防止するため、特に、次の事項を重点に労働災害防止対策を講ずる。

［1］　工事開始前に建築物はもとより周囲の状況を含んだ危険性又は有害性等の調査を十分に行い、これに基づき、作業の方法、順序、控え等の設置方法等が示された作業計画を策定すること。

［2］　作業計画で想定していなかった事態が生じた場合には、安全が確認できるまで作業を中断すること。

（イ）　改修工事

改修工事においては、スレート屋根等からの墜落や爆発災害が発生している。この要因として、短期間の工事であることを理由に適切な安全対策が講じられていなかったり、元栓を閉めずにガス管を撤去しようとしたこと等が見受けられることから、作業計画には、足場や踏み板の設置はもとより、ガス会社等への事前連絡等についても定め、これに基づく作業を徹底すること。

ウ　アスベストばく露防止対策等

解体工事や改修工事に際しては、石綿障害予防規則に基づき、前記１の（6）イに記載した事項を重点に対策を講ずること。

なお、粉じん障害防止規則（以下「粉じん則」という。）別表に掲げる粉じん作業に該当する作業を行う場合には、呼吸用保護具の着用を徹底する等、粉じん則に基づく措置を徹底すること。

第６章

労災保険のメリット制と無災害記録

概説

労働災害防止活動に対するインセンティブ（報償的なもの）はあるのでしょうか。せっかくそれなりの予算と人的資源を使って活動に取り組んだ場合に、何かしらの見返りはあるのでしょうか。

労働災害が無いこと自体、損害賠償請求訴訟等を受けないという意味で、企業活動に伴うリスクを低減する措置になります。また、第三者に対する企業評価の対象にもなるでしょう。しかし、それだけではやる気が起きないという経営者も少なくありません。売上げや利益に関係しないではないか、というわけです。

リスク管理でいえば、損害賠償等による損失は、企業会計における「特別損失」になりますから、安全衛生管理は特別損失を生じさせないための活動の１つともいえます。

労働基準行政では、労災保険のメリット制と無災害記録（無災害表彰制度）が安全衛生管理活動の結果に伴うインセンティブに相当する制度といえるでしょう。前者は、労災保険料について自動車保険のように災害発生に伴う給付額に応じて保険料を増減する制度です。後者は一定の無災害記録を達成した場合、記録証を交付する場合と表彰する制度があります。本章では、これらについて説明します。

労災保険の概要

(1) 特定元方事業者と協力会社

建設工事に関しては、協力会社を含めた現場全体として元請（特定元方事業者）が労災保険を掛けます（労基法第 87 条、徴収等法第 8 条）。そのため、元請が当該工事現場の労災保険料を前納します。

そして、労働災害が発生して労災保険から給付を受けるのは、協力会社の労働者（作業員）である場合がほとんどです。身体障害を伴う災害や死亡災害の場合、被災者本人又は遺族が生存している間給付が行われます。このような重篤な災害が発生した場合には、労災保険料の増額は最大 40% に及びます。災害が少なくて保険料が減額される場合もマイナス 40% になりますから、その最小と最大は、2.33 倍になります。

一定規模以上の工事現場については、労災保険はその現場単位で掛けます。労災保険を掛けることを労災保険では、「保険関係を成立させる。」といいます。元請と国（労働基準監督署長）との間で労災保険関係が成立したわけです。このような工事現場を単独有期事業といいます。

建設工事現場は、単独有期事業ばかりではありません。もっと小規模な工事も行われています。このような場合は、一括有期事業として保険関係を成立させます。これは、元請の店社ごとに保険関係が成立します。

いずれにせよ、労災保険を掛ける元請と、給付を受ける可能性が高い協力会社がありますから、労働災害を防ぐための取組（安全衛生管理）は、元請だけでは不十分です。協力会社もそれぞれの業務の範囲で労働災害防止活動に取り組む必要があります。

(2) 業務災害と通勤災害

労災保険給付には、業務災害に関するものと通勤災害に関するものがあります。給付内容はほぼ同じですが、その原因が業務に起因するものか通勤に起因するものかの違いがあります。前者は事業主にその責任が生じる場合がほとんどですが、後者は原則として事業主の責任はありません。

業務災害と通勤災害との違いとそれぞれの給付内容は次のとおりです（労災保険法第７条第１項）。

	業務災害	通勤災害
該当する場合	労働者の業務上の負傷、疾病、障害又は死亡	労働者の通勤による負傷、疾病、障害又は死亡
給付内容	1　療養補償給付 2　休業補償給付 3　障害補償給付 4　遺族補償給付 5　葬祭料 6　傷病補償年金 7　介護補償給付	1　療養給付 2　休業給付 3　障害給付 4　遺族給付 5　葬祭給付 6　傷病年金 7　介護給付

この表で「通勤」とは、労働者が、就業に関し、次に掲げる移動を、合理的な経路及び方法により行うことをいい、業務の性質を有するものを除くものとされています（同条第２項）。

一　住居と就業の場所との間の往復

二　厚生労働省令で定める就業の場所から他の就業の場所への移動

三　一に掲げる往復に先行し、又は後続する住居間の移動（厚生労働省令で定める要件に該当するものに限る。）

なお、労働者が、一から三に掲げる移動の経路を逸脱し、又はこれらに掲げる移動を中断した場合においては、当該逸脱又は中断の間及びその後の各号に掲げる移動は、「通勤」とされません。ただし、当該逸脱又は中断が、日常生活上必要な行為であって厚生労働省令で定めるものをやむを得ない事由により行うための最小限度のものである場合は、当該逸脱又は中断の間を除き、この限りでないとされています（同条第３項）。

コラム

労災かくしとは？

仕事が原因で負傷した場合などに、労災保険での治療を受けさせないで被災者本人が加入している健康保険（又は国民健康保険）で治療を受けたり、事業主が現金で治療費を支払うなどする場合があります。実は、これだけでは「労災かくし」にはならないのです。

労働安全衛生規則第 97 条第 1 項では、「事業者は、労働者が労働災害その他就業中又は事業場内若しくはその附属建設物内における負傷、窒息又は急性中毒により死亡し、又は休業したときは、遅滞なく、様式第 23 号による報告書を所轄労働基準監督署長に提出しなければならない。」と定めています。

その根拠は、労働安全衛生法第 100 条第 1 項の「厚生労働大臣、都道府県労働局長又は労働基準監督署長は、この法律を施行するため必要があると認めるときは、厚生労働省令で定めるところにより、事業者、労働者、機械等貸与者、建築物貸与者又はコンサルタントに対し、必要な事項を報告させ、又は出頭を命ずることができる。」との定めによります。

この罰則ですが、同法第 120 条第 5 号では、「第 100 条第 1 項又は第 3 項の規定による報告をせず、若しくは虚偽の報告をし、又は出頭しなかつた者」は「50 万円以下の罰金に処する。」とされているのです。

つまり、労災保険を使わなかったかどうかではなく、労働者死傷病報告を遅滞なく提出せず、又は、虚偽の報告をした場合が処罰の対象となるのです。

労働者死傷病報告の提出に当たって注意しなければならないのは、「労働災害その他」とあるように、労災事故に限定していないことです。なぜなら、過労死等や過労自殺などが典型ですが、労災事故に該当するかどうかはある程度の期間労働基準監督署の調査が必要です。しかし、ここに掲げる災害が発生した場合、労働基準監督署に立入調査により、原因となった機械等や原材料等のメーカーに問題がある場合もあり、場合によっては新たに法規制をしなければならない場合があるからです。労働者死傷病報告は、労働基準監督署の立入調査の端緒となるものです。

このような労働者死傷病報告の重大性にかんがみ、検察庁は起訴猶予（違反は認められるが処罰するほどではないとして、事実上の無罪放免とする処分）は、労災かくしに関しては滅多にありません。

(3) 労災保険の特別加入

① 特別加入とは

労災保険は、「業務上の事由又は通勤による労働者の負傷、疾病、障害、死亡等」に対して迅速かつ公正な保護をするため、必要な保険給付を行う（労災保険法第 1 条）ものです。

そのため、労働者に該当しない方が建設工事に関係して負傷しても、給付対象にはなりません。例えば、一般の通行人が工事現場の前に置かれた建設資材等につまずいて負傷したとか、建設工事現場から落下してきた単管が当たって死亡したなどの場合、労災保険給付の対象とはなりません。

労働者の定義は労災保険法にはありませんが、労働基準法に定める労働者の意味であるとされています。

労働基準法第 9 条では、「この法律で「労働者」とは、職業の種類を問わず、事業又は事務所（以下「事業」という。）に使用される者で、賃金を支払われる者をいう。」と定めています。そのため、一人親方は「労働者」には該当しないとされています。

しかしながら、中小企業の事業主や役員、あるいは一人親方は、その労働者と同じ作業を行う場合があります。そのような場合に被災したときには、労働者に準じて補償をすることができるようにしたのが、特別加入制度です。

労災保険法第 33 条では、次のように定めています。

次の各号に掲げる者（第二号、第四号及び第五号に掲げる者にあつては、労働者である者を除く。）の業務災害及び通勤災害に関しては、この章に定めるところによる。

一　厚生労働省令で定める数以下の労働者を使用する事業（厚生労働省令で定める事業を除く。第七号において「特定事業」という。）の事業主で徴収法第33条第3項の労働保険事務組合（以下「労働保険事務組合」という。）に同条第1項の労働保険事務の処理を委託するものである者（事業主が法人その他の団体であるときは、代表者）

二　前号の事業主が行う事業に従事する者

三　厚生労働省令で定める種類の事業を労働者を使用しないで行うことを常態とする者

四　前号の者が行う事業に従事する者

五　厚生労働省令で定める種類の作業に従事する者

六　この法律の施行地外の地域のうち開発途上にある地域に対する技術協力の実施の事業（事業の期間が予定される事業を除く。）を行う団体が、当該団体の業務の実施のため、当該開発途上にある地域（業務災害及び通勤災害に関する保護制度の状況その他の事情を考慮して厚生労働省令で定める国の地域を除く。）において行われる事業に従事させるために派遣する者

七　この法律の施行地内において事業（事業の期間が予定される事業を除く。）を行う事業主が、この法律の施行地外の地域（業務災害及び通勤災害に関する保護制度の状況その他の事情を考慮して厚生労働省令で定める国の地域を除く。）において行われる事業に従事させるために派遣する者（当該事業が特定事業に該当しないときは、当該事業に使用される労働者として派遣する者に限る。）

そのため、元請は、協力会社の役員と一人親方に対し、労災保険に特別加入することを奨励しています。

労災保険に特別加入した方が被災した場合、元請が掛けている当該工事現場の労災保険ではなく、被災者が特別加入していた労災保険から給付が行われるのです。

この場合、労働者が被災したわけではないので、労災保険からの給付を受けたとしても、労働安全衛生法に定める「労働者死傷病報告」（安衛則様式第23号又は第24号）を労働基準監督署に提出する必要はありません。

②　特別加入の保険料

中小企業の事業主の保険料は次のとおりです。その際、給付基礎日額を決めておきます。これは、保険料や、休業（補償）給付などの給付額を算定する基礎となるものです。給付基礎日額を高く設定すると休業した場合の給付額は多くなりますが、その分保険料も高くなります。給付基礎日額は、加入した後で、途中で変更することも可能です。

ア　中小企業の事業主

給付基礎日額 A	保険料算定基礎額 B=A×365日	年間保険料 年間保険料=保険料算定基礎額（注）×保険料率 （例）建設事業（既設建築物設備工事業）の場合 保険料率　12/1000
25,000円	9,125,000円	109,500円
24,000円	8,760,000円	105,120円
22,000円	8,030,000円	96,360円
20,000円	7,300,000円	87,600円
18,000円	6,570,000円	78,840円
16,000円	5,840,000円	70,080円
14,000円	5,110,000円	61,320円
12,000円	4,380,000円	52,560円
10,000円	3,650,000円	43,800円
9,000円	3,285,000円	39,420円
8,000円	2,920,000円	35,040円
7,000円	2,555,000円	30,660円
6,000円	2,190,000円	26,280円
5,000円	1,825,000円	21,900円
4,000円	1,460,000円	17,520円
3,500円	1,277,500円	15,324円

（注）特別加入者全員の保険料算定基礎額を合計した額に千円未満の端数が生じるときは端数切り捨てとなります。

イ　一人親方その他の自営業者

給付基礎日額 A	保険料算定基礎額 B=A×365日	年間保険料 年間保険料=保険料算定基礎額（注）×保険料率 （例）建設事業（既設建築物設備工事業）の場合 保険料率　18/1000
25,000円	9,125,000円	164,250円
24,000円	8,760,000円	157,680円
22,000円	8,030,000円	144,540円
20,000円	7,300,000円	131,400円
18,000円	6,570,000円	118,260円
16,000円	5,840,000円	105,120円
14,000円	5,110,000円	91,980円
12,000円	4,380,000円	78,840円
10,000円	3,650,000円	65,700円
9,000円	3,285,000円	59,130円
8,000円	2,920,000円	52,560円
7,000円	2,555,000円	45,990円
6,000円	2,190,000円	39,420円
5,000円	1,825,000円	32,850円
4,000円	1,460,000円	26,280円
3,500円	1,277,500円	22,986円

（注）特別加入者全員の保険料算定基礎額を合計した額に千円未満の端数が生じるときは端数切り捨てとなります。

労災保険料を支払った場合、税法上は全額が損金に、すなわち経費として認められます。この点が、生命保険料や損害保険料との違いです。

(4)　労災保険のメリット制（災害が少ないと労災保険料が戻ってくる）

①　メリット制の概要

一定の規模以上の工事現場については、その災害発生状況によって労災保険料を増減する制度があります。これがメリット制です。労働災害防止について努力している事業場では、労災事故発生が少なかった場合に労災保険料を減額し、多かった場合に増額する制度です。

建設工事現場については、一括有期事業である場合と単独有期事業である場合に扱いが異なります。

基本は単独有期事業です。工事現場単独で労災保険関係が成立している場合、メリット制の対象となります。単独有期事業の要件は、請負金額（税抜き）が1億8千万円以上で、かつ、概算保険料額が160万円以上の工事です。

逆に、請負金額（税抜き）が1億8千万円未満で、かつ、概算保険料額が160万円未満の工事は、これらをすべて一括し、一つの事業として保険関係を成立させ、継続事業に準じて取り扱うこととなります。これを「有期事業の一括」といい、これに該当する事業を一括有期事業と呼んでいます。

一括有期事業であっても、年間の工事金額が一定規模以上の場合、過去3保険年度のメリット収支率の計算結果で翌々年度の保険料にメリット制の適用があります。一定規模以上としているのは、年間工事額がそれほど多くない事業において、死亡災害などの重篤な災害が発生すると、長期にわたって労災保険料が30又は40%増となり、企業負担が大きすぎるからです。

②　メリット収支率とは

メリット収支率とは、連続する3保険年度中の保険料に対する保険給付（特別支給金を含む）の割合であり、おおむね次式により算定します。

$$\text{メリット収支率（\%）} = \frac{\text{保険給付額}}{\text{保険料}} \times 100$$

メリット収支率の実際の算定に当たっては、分母となる保険料には一定の調整率を掛けること、分子となる保険給付には通勤災害や特定疾病に対する保険給付を含めないことなどの細かな規定があります。

「保険給付額」は、原則として、収支率算定期間に、業務災害として支給した保険給付（療養補償給付や休業補償給付等の短期給付・年金などの長期給付）及び特別支給金の総額です。

短期給付の額には、原則として保険給付及び特別支給金の全額をメリット収支率の分子に算入します。ただし、療養補償給付、休業補償給付、傷病補償年金、介護補償給付、休業特別支給金及び傷病特別年金については、負傷又は発病年月日から3年以内の分として支給した額のみ算入します。

長期給付の額には、障害補償年金、遺族補償年金、障害特別年金及び遺族特別年金については、実際に年金として支給した額ではなく、年金給付の額をその業務災害発生当時の一時金に換算した額（「労基法相当額」といいます。）を一括して算入します。

前掲の計算式の分母となる労災保険料額は、年金として保険給付に要する費用を基に設定された料率による保険料であるため、一定の係数を分母に掛けて、分子と見合う額にします。その係数を、第1種調整率といい、建設の事業は0.63と定められています。

③　単独有期事業の場合

単独有期事業である工事現場では、メリット制の対象となるのは、次のいずれかを満たす事業（工事）です。

ア　確定保険料の額が40万円以上であること。

イ　請負金額（消費税相当額を除く。）が1億1千万円以上であること。

当該工事終結時に労災保険料が確定します。この算出された確定保険料に対し、収支率に基づく加減をした額が納付すべき労災保険料となります。事業開始時に前納した労災保険料との差額が戻ってきます。

メリット収支率と労災保険料の増減の関係は、次の表のとおりです。

増減表１　単独有期事業

メリット収支率	メリット増減率
10%以下	40%減
10%を超え20%まで	35%減
20%を超え30%まで	30%減
30%を超え40%まで	25%減
40%を超え50%まで	20%減
50%を超え60%まで	15%減
60%を超え70%まで	10%減
70%を超え75%まで	5%減
75%を超え85%まで	0%
85%を超え90%まで	5%増
90%を超え100%まで	10%増
100%を超え110%まで	15%増
110%を超え120%まで	20%増
120%を超え130%まで	25%増
130%を超え140%まで	30%増
140%を超え150%まで	35%増
150%超え	40%増

単独有期事業におけるメリット収支率の計算は、３年間という期間がとれません。そのため、原則として工事の始めから終了して３か月後までで行います。ただし、３か月経過後も療養をしている労働者がいる場合には、事業終了日から３か月を経過した日前までの保険給付を分子に、確定保険料を分母にして算定します。

ただし、建設工事現場で発生した業務災害が重篤で、保険給付の期間が事業終了日から３か月以上続く被災者がいる場合は、事業終了日から９か月を経過した日の前日までの保険給付と確定保険料によってメリット収支率を計算します。

（図４）単独有期事業のメリット制適用の概念図

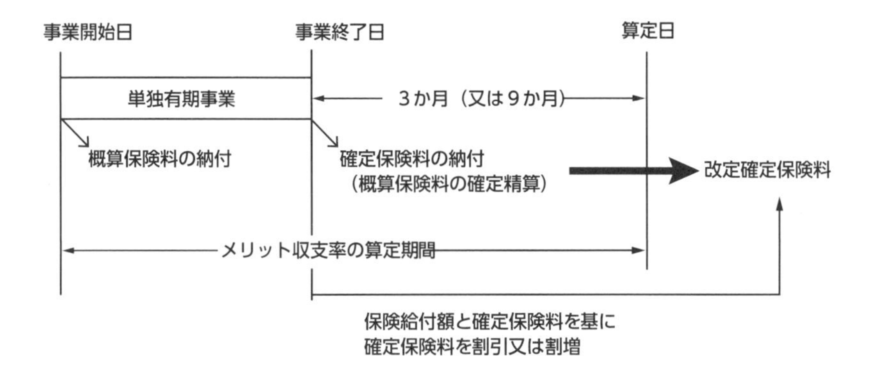

なお、メリット収支率の分母（保険料）については、3か月時点で計算を行う場合は前出の第1種調整率を使用しますが、9か月時点で計算を行う場合には第2種調整率という係数を使用します。第2種調整率は、建設の事業は0.50となります。

④　一括有期事業の場合

小規模な土木工事や住宅工事を多数行っている建設店社の場合、該当することが多いものです。一括される工事は、遠隔地で行われるものも含まれます。

一括有期事業でメリット制の対象となるのは、連続する3保険年度中の各保険年度において、確定保険料の額が40万円以上であることです。また、メリット増減率については、連続する3保険年度のすべてにおいて確定保険料の額が「100万円以上」の場合は次の「増減表2」が適用されますが、うち1年度でも「40万円以上100万円未満」となった年度があった場合には、「増減表3」が適用されます。

（図５）メリット制の収支率算定期間と適用時期

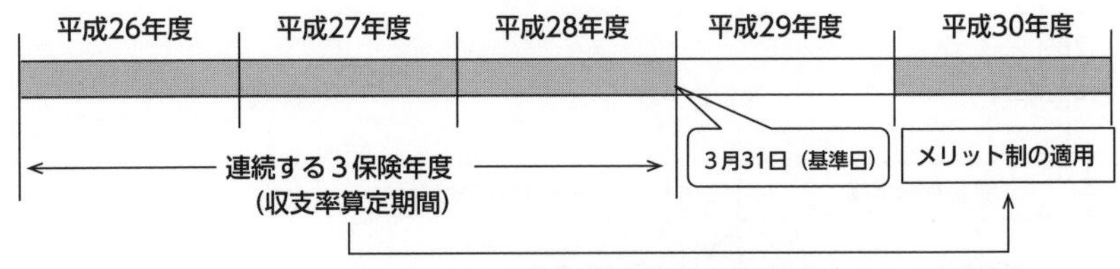

一括有期事業におけるメリット収支率と労災保険料の増減の関係は、次の表のとおりです。

増減表２　一括有期事業（確定保険料が 100 万円以上）

メリット収支率	メリット増減率
10%以下	40%減
10%を超え20%まで	35%減
20%を超え30%まで	30%減
30%を超え40%まで	25%減
40%を超え50%まで	20%減
50%を超え60%まで	15%減
60%を超え70%まで	10%減
70%を超え75%まで	5%減
75%を超え85%まで	0%
85%を超え90%まで	5%増
90%を超え100%まで	10%増
100%を超え110%まで	15%増
110%を超え120%まで	20%増
120%を超え130%まで	25%増
130%を超え140%まで	30%増
140%を超え150%まで	35%増
150%超え	40%増

増減表３　一括有期事業（確定保険料が 40 万円以上 100 万円未満）

メリット収支率	メリット増減率
10%以下	30%減
10%を超え20%まで	25%減
20%を超え30%まで	20%減
30%を超え50%まで	15%減

50%を超え70%まで	10%減
70%を超え75%まで	5%減
75%を超え85%まで	0%減
85%を超え90%まで	5%増
90%を超え110%まで	10%増
110%を超え130%まで	15%増
130%を超え140%まで	20%増
140%を超え150%まで	25%増
150%を超え	30%増

⑤　保険料の還付請求手続

メリット制により保険料が増額又は減額されます。減額の場合には、保険料が戻ってきます。一括有期事業の場合は、還付保険料は次年度分の概算保険料に充当されますが、その場合も含め、労災保険料の還付請求手続をとらなければなりません。労災保険給付請求の場合と同じで、手続をしなければ減額分の保険料は戻ってこないのです。

労災保険料の還付請求をするには、「労働保険料一般拠出金還付請求書」（様式第 8 号（徴収則第 36 条関係））に必要事項を記載して所轄労働基準監督署長に提出します。

なお、メリット制の適用を受けている場合には、メリット収支率は労働基準監督署にきけば教えてもらえます。

無災害記録と全工期無災害表彰

建設工事現場や建設業の店社において一定期間無災害が続いた場合には、その申請により無災害記録証や全工期無災害表彰状が授与されます。

(1) 無災害とは

「無災害」と聞くと、いわゆる赤チン災害も起こしてはならないように思っている方がいます。赤チン災害とは、救急箱に入っているもので手当ができる程度の軽い怪我です。

無災害記録や全工期無災害表彰における無災害とは、次の三つの災害が起きていないことをいいます。

① 死亡災害
② 休業災害
③ 労働基準法施行規則別表第２「身体障害等級表」に掲げる身体障害を伴う災害

いずれも業務上災害の場合をいい、通勤災害に該当するものはここでの災害には該当しません。ただし、通勤途中の災害であって業務の性質を有するものは、該当します（例：事業主が提供する通勤手段に乗車中の事故等）。

つまり、無災害とは、労災保険給付を受けたかどうかではありません。身体障害を伴わない不休災害であれば、何件か起きたとしてもその工事現場は「無災害」なのです。このことをきちんと理解していないと、軽微な負傷をなかったことにしようとして協力会社が「労災かくし」に走ることとなりかねません。

(2) 無災害記録

① 無災害記録とは

(1) で述べた無災害の状態が一定期間続いた場合、その間の延べ労働時間数により無災害記録として認定されます。これが無災害記録です。

無災害記録については、厚生労働省の「無災害記録賞授与内規」に基づいて認定され、記録証が授与されます。無災害記録は、第1種無災害記録から第5種無災害記録までの5段階とされ、第1種無災害記録の時間数は、当該記録を起算した年月に応じ、別表第1から別表第5まで定められています。

記録の起点は「直近の災害が発生した日の翌日」であり、記録の終点は「次の災害が発生した日の前日」です。そして、最初は第1種無災害記録となり、その後無災害時間数が5割増えると第2種無災害記録、さらに5割増えると第3種無災害記録となり、第5種までが認定されます。

建設業の店社については、第1種無災害記録の時間数の適用は、次のとおりです。

ア　年間完成工事高250億円以上の建設店社に対しては、別表第2に掲げる時間数を適用すること。

イ　年間完成工事高250億円未満の建設店社に対しては、別表第2に掲げる時間数の2分の1を適用すること。

ウ　上記の年間完成工事高は、無災害記録達成日における直近の決算時の年間完成工事高とすること。

表　第１種無災害記録時間数

業種区分	記録時間（単位:万時間）
建設業	170
土木工事業	130
河川土木事業	260
水力発電施設等建設事業	170
鉄道又は軌道建設事業	150
地下鉄建設事業	160
橋梁建設事業	160
ずい道建設事業	70
道路建設事業	230
その他の土木事業	190
建築工事業	200
家屋建築事業	200
その他の建築事業	250
職別工事業	190
設備工事業	360
電気工事業	340
管工事業（さく井を除く）	200
その他の設備工事業	-
機械器具設備工事業	220
他に分類されない設備工事業	310

②　無災害記録の申請手続

無災害の労働時間数が、第１種から第５種までの基準に達した時は、「無災害記録証授与申請書」、「無災害記録樹立事業場調査表」、「確認書」を作成し、所轄の労働基準監督署を経由して都道府県労働局長宛てに申請します（申請書類は、事業場が所在する都道府県労働局より入手することができます）。

申請後、労働基準監督署長の審査、都道府県労働局長の審査を経て、厚生労働省労働基準局長名による「無災害記録証」が授与されます。

なお、無災害記録の時間数の算出に誤り等があり、規定の時間数に達しないことが判明したときは、授与した無災害記録証を返還しなければなりません。

(3) 全工期無災害表彰

① 全工期無災害表彰とは

建設工事現場特有の表彰制度です。厚生労働省の「建設事業無災害表彰内規」に基づき、工事現場からの申請により厚生労働省労働基準局長名で表彰状が授与されます。

② 要件

「事業の期間（以下「工期」という。）が予定される事業であって、労働基準法別表第1第3号に該当するもののうち、労働者災害補償保険の保険料（概算又は確定）の額が160万円以上のもの」が対象になります。

全工期を通じ、業務上の災害（出張等で一般公衆の用に供せられる交通機関を利用中に発生したものを除く。）が発生しなかった事業場に様式第1号による表彰状を授与するものです。

ここでいう「災害」は、死亡災害、休業災害又はこれらの災害以外の災害であって労働基準法施行規則別表第2「身体障害等級表」に掲げる身体障害を伴うものをいいます。つまり（1）で述べた無災害と同義です。

③ 全工期無災害表彰状の申請手続

申請様式に必要事項を記載し、工事現場を管轄する労働基準監督署長を経由して厚生労働省労働基準局長に申請します。

建設業　全工期無災害表彰調査表

労働基準監督署

事業関係	①会社名	
	②工事の名称	
	③現場所在地	
労働保険関係	④労働保険番号	府県／所掌／管轄／基幹番号／枝番号
	⑤請負金額	円
	⑥労災保険料	概算　確定　円 (注) 概算又は確定の労災保険料が１６０万円以上の工事が表彰の対象です。
工事関係	⑦着工年月日	平成　年　月　日
	⑧竣工年月日	平成　年　月　日
	⑨延労働者数	人
	⑩延労働時間数	時間
	⑪工事概要	

連絡先　電話番号　(　　)　担当部課・氏名

確　認　書

上記工事においては、着工より竣工までの間死亡災害、休業災害及び身体障害を伴う業務上の災害が発生しなかったことを確認します。

平成　年　月　日

労働者代表
下記(注)を参照して下さい。

所属会社名

所属会社所在地

(職名)　(氏名)

職氏名　㊞

(注) 労働者代表欄は直筆で記入して下さい。

(注)　労働者代表には、次のいずれかの者があること。

（1）　次に掲げる請負事業者の当該現場における職長等（労働基準法第３６条に基づく協定の当事者を含む。以下同じ。）

イ．当該現場において労働者数が最も多かった下請負事業者

ロ．工事期間中最も長期間にわたって当該現場で作業を行った下請負事業者

ハ．請負金額が最も多かった下請負事業者

ニ．躯体工事を請け負った下請負事業者

ホ．その他当該現場の下請負事業者を代表するにふさわしいもの

（2）　工事現場における職長会等の代表者（請負事業者の代表を除く、以下(3)において同じ。）

（3）　災害防止協議会の請負事業者である幹事等

申請に際し、次のことに留意してください。

ア　申請様式の「①会社名」及び「②工事の名称」の欄については、記載内容が表彰状に反映されますので、誤りがないか十分確認してください（特に共同企業体名や支店名等が抜けていないか等）。

イ　表彰要件（労災保険額が概算又は確定で160万円以上）を満たしているかを確認し、160万円以上の方の金額を記入してください。

ウ　確認書の労働者代表欄は直筆で記入するとともに、日付は工事完了日より後であること、労働者代表の職氏名が適正（職長等）であること、及び記入もれがないことを十分確認してください。

コラム

返還されなかった表彰状

「建設事業無災害表彰内規」は、最終改正が平成11年9月1日であり、次の項目が追加されました。

第4条　労働省労働基準局長は、前条第1項の表彰状を授与した後に、当該表彰に係る事業においてその工期中に業務上の災害が発生した事実が判明した場合には、当該表彰状を返還させるものとする。

過去にも、全工期無災害表彰状を授与された後に労災かくしが発覚した例が複数あったようです。普通は、発覚した時点で表彰状を返還するのが当然だと思われます。

しかし、あえてこのような規定を設けたということは、労働災害が発覚した後も返還しなかった企業があったものと考えられます。

著者略歴

村木 宏吉

労働衛生コンサルタント（町田安全衛生リサーチ代表）
昭和 52 年（1977 年）に旧労働省に労働基準監督官として採用され、北海道労働基準局、東京局、神奈川局管内各労働基準監督署及び局勤務を経て、神奈川局労働基準部衛生課の主任労働衛生専門官を最後に退官。元労働基準監督署長。労働基準法、労働安全衛生法及び労災保険法関係の著作あり。また、労務管理や安全衛生管理に関して企業への助言や顧問のほか安全大会などでの講演活動を行っている。

建設工事現場の統括管理
～入門から中級へ～

2020 年 3 月 19 日　第 1 版第 1 刷発行

編　著　村　木　宏　吉
発行者　箕　浦　文　夫
発行所　株式会社大成出版社

〒156-0042
東京都世田谷区羽根木1-7-11
電話 03（3321）4131（代）
https://www.taisei-shuppan.co.jp/

印刷　亜細亜印刷

ISBN978-4-8028-3387-5